放自己一马

丛非从 —— 著

Get Rid

of
Bad Moods

江苏凤凰文艺出版社

图书在版编目（CIP）数据

放自己一马 / 丛非从著. -- 南京：江苏凤凰文艺
出版社, 2024. 9. -- ISBN 978-7-5594-8821-3

Ⅰ. B848.4-49

中国国家版本馆CIP数据核字第2024FW9629号

放自己一马

丛非从　著

责任编辑	项雷达
图书策划	孙文霞
封面插画	青凪
封面设计	吉冈雄太郎
出版发行	江苏凤凰文艺出版社
	南京市中央路165号，邮编：210009
网　　址	http://www.jswenyi.com
印　　刷	三河市宏图印务有限公司
开　　本	880毫米×1230毫米　1/32
印　　张	8.75
字　　数	148千字
版　　次	2024年9月第1版
印　　次	2024年9月第1次印刷
书　　号	ISBN 978-7-5594-8821-3
定　　价	59.80元

江苏凤凰文艺版图书凡印刷、装订错误，可向出版社调换，联系电话025-83280257

目 录

这本书的食用方法 / 001

内核越稳，世界越可爱

成就一个更自由、不受太多人或物控制和影响的人格完善的自我。

什么是爱自己以及怎样爱自己	005
如何提升自我价值感	010
我只是做我自己，错了吗	017
你所追求的"足够好"，其实谋杀了你的生活	027
你为什么那么需要别人的认可	035
什么是好的陪伴	041
为什么你无法享受社交	049
为什么越是亲密，越容易不耐烦	055

目 录

建立深度而成熟的人际关系

不困在自己的世界,真正且正确地走入人与人构成的世界,建立一个个稳固的关系,让这些关系与自己一起,成为真实的自己。

听话的人生,是不会"开挂"的	065
讨好不是问题,危险才是	073
这么在意别人的看法,你一定很累吧	081
冷场时觉得尴尬,怎么办	088
为什么有的人喜欢否认和辩解	096
哪有那么多三观不合,吵架常是思维问题	102
如何一句话回击指责	109
拒绝别人的 5 种方式	117

在一起的我们都应该舒展而享受

所有关系上的努力,不是为了将一切变得完美,而是将一切变得更好。

别人不是你想的那样	129
被爱是有风险的,你敢吗	139
想要被爱,放低姿态	147
他不满足我的需要,我该怎么办	154
无条件的爱,容易和完全满足混为一谈	162
对痛苦好奇,而非回避	168
两个人的关系问题,可以一个人来解决吗	174
为什么你会对一个人失望	180

目 录

值得我们取悦的只有自己

爱上自己，稳定内核，是我们人生中经历的最后一场只属于自己的求生战争。

诉苦，是一种能力	189
不要在别人诉苦时提建议	197
怎样娱乐，才不自责	204
自责或指责都是偏执的表现	211
不介意被指责的2个方法	218
关于愤怒，你可能有个错误逻辑	225
深度化解愤怒的4个步骤	234
跟冷暴力一样可怕的，是吞噬一个人的欲望	242
终结吵架的方式，就是使用它的积极意义	252
如果你想破坏关系，就把自己当小孩	260

这本书的食用方法

我是一名心理咨询师。

我的工作就是接待很多人，听他们讲述五彩斑斓的故事。我喜欢听别人的烦恼，这让我觉得自己过了很多人的人生，比电影还精彩。电影我知道是假的，而他们的人生却是真实的。参与进这些故事，让我觉得人生很有趣。

我喜欢这份工作。我常常感觉自己是个安静的树洞，他们带着对人生的种种疑惑进来，留下了一些故事后，又带走了一些些思考。我不知道这对他们来说具体的帮助有多少，但从大部分人会一次次回到这里来看，他们应该是得到了一些安慰。这也让我觉得自己活在这个世界上，有点价值。

他们带给我的影响远远没有随咨询结束。我从他们身上一次次看到了自己，看到自己如何与人相处，如何活在这个世界上，这让我也收获了很多思考，拓宽了经验。某种程度上，我共享了他们的迷茫和成长。

我把这些思考写下来，分享给一些想听的人。

让更多的人得到启发是一种奇怪而快乐的体验，我渴望这种体验。当你在阅读并因这些文字受到启发的时候，其实你在帮我获得我的快乐，也在陪伴我。当我想到在某个夜晚或白天，你坐着或站着，甚至蹲着在阅读这些文字，和我一起思考，我会很开心。

这里面是我平时写的一篇篇独立的文章，前后逻辑性并不是很强。因此你在阅读的时候，不必按顺序看，你可以根据目录挑选自己喜欢的篇章，或者随意翻阅。

也许有些观点你并不同意，我很开心你有自己的思考。也许有些观点让你有所触动，我很开心自己的文字能对你有帮助。在我的工作里，比起输出了什么，我更期待对面这个人可以得到什么。这本书的观点，你不需要全部都同意，若有一些看法让你有了新的视角，那本书的使命就完成了。

这本书是《我真的很棒》的再版。我很难说它是再版，因为我做了大量的删减、增加和修改时，它已经面目全非。5年前的一些观点，用现在的我的视角看来是有些肤浅和简略，所以我做了一些深度加工，让它更符合我现在的认知。无论你是新读者还是老读者，我猜你都可以从中找到一些属于你的思考。

内核越稳，
世界越可爱

成就一个更自由、不受太多人或物控制和影响的人格完善的自我。

什么是爱自己以及怎样爱自己

1. 什么是爱自己

要知道怎样爱自己,就需要先理解什么是别人爱你。

情感专家们经常教导情感小白,一个人为你做了什么就是爱你,做什么就是不爱。比如最近有人在网上提问:"七夕节,送女朋友什么礼物好?预算200元以内。""专家"们蜂拥而至,纷纷认为送她自由比较好,因为买200元以内的东西就是不爱。

可真的是这样吗?如果这位女朋友会因为收到200元的礼物感动呢?如果提问的人是每月零花钱不到100元呢?

一个人是否爱你,不是看他做了什么或者说了什么,而是他的行为让你感受到了什么。一个人说了很多爱你的话,不一定是真的爱你;一个人做了很多爱你的事,也不一定是真的爱你。这个世界上有太多这样的故事:一个人为你做了很多,并且扬言他是多么多么爱你,而让你感觉到的却是快要窒息的压力。

如果对方的行为让你感觉到了轻松、快乐、幸福、开心、踏实、充实、安心……我们才可以说你体验到了爱。

同样，不是做特定的事情就是爱自己，而是做的事情让自己感受到正向情感，那你才是爱自己。

2. 爱自己，不是一种形式主义

商家们会鼓吹，爱自己就是给自己买这买那。朋友们也会炫耀攀比，让人觉得给自己花很多钱，买好多好吃的、买名牌衣服包包就是爱自己。如果为自己做这些的时候，你感觉到放松与愉悦，那这就是爱自己。如果你在做这些的时候感觉到的是焦虑与压力，心疼与不舍，之后自责与恐慌，看着衣柜的衣服骂自己，看着银行卡数字减少而后悔，那就不是爱自己。反之，如果你发现生活简单朴素节约不买东西，会给你带来心安和成就感，那么不买东西就是爱自己。

同样，休息、度假、旅游、蹦迪，都不一定是爱自己。如果你在休息的时候，感觉到充电、舒服与放松，那是爱自己，因为你在享受休息。如果你在休息的时候感觉到焦虑，总是惦记着工作无法放松，或者有浪费时间的堕落感，那强行休息就是在自虐。这时候打开电脑工作或者做点正经事缓解焦虑，才是爱自己。

"鸡汤学家"们经常说："爱自己，就是要保持自己的独立，就是自己满足自己。"但在我看来，这种说法也不全面。如果你处理事情时游刃有余，或者在克服困难后成就感爆棚，自信满满，那么独立就是爱自己，因为你真的在享受独立的过程和感觉。可是如果独立的过程，让你感觉到压力、寂寞、辛苦、孤独与委屈，那么独立的过程就是自虐。这时候依赖一个可靠的人，才是爱自己。

单身可以是一种爱自己的方式，它让你远离鸡毛蒜皮的争吵。结婚也可以是一种爱自己的方式，它让你有一个人与你共担风雨。爱自己不是一种形式主义，不要别人说什么就做什么，要尊重自己的感觉，做让自己的感受更正向的事。

有的人能从买衣服、旅游中获得开心，你却未必可以。跟风去做，只是自虐。让自己开心的办法，不是做大家觉得应该的事，而是问问你的心：此刻，我做什么会感觉到舒适、轻松与快乐？

3. 既有又有时，该怎么做？

人是矛盾的结合体，同一件事可能既有正向的感受又有负向的感受。

比如说上进、不浪费时间、节约、努力、勤劳、坚强、健身等。做这些事的时候，会痛苦想放弃，又安心想坚持。反之，你选择躺平,你会有什么都不用做的轻松感,同时也会让你陷入堕落、焦虑、自责、空虚、自我厌恶等负向感觉。那爱自己要怎么选呢?

这个时候,你内在的两种感觉会进行博弈,听从你的感觉选择的那个就是爱自己。当你内心想上进的声音大于想躺平的声音时,爬起来干活就是爱自己。当你内心想放弃的声音大于坚持的声音时,停下来喘口气就是爱自己。

上进、勤劳、运动是对自己的未来负责,是让自己变得更优秀。但不合时宜地选择进步,你内在会抗拒,你可能会在疲惫的时候陷入自我怀疑,觉得自己没有能力、自己不够好,这会过度消耗并透支你的身体,让你在某些时刻不知道坚持这些的意义是什么,这时候坚持就是一种自虐。

当你对上进产生了不适感,尊重自己的想法才是爱自己。

真正的爱自己,并不是一直要向上。而是允许自己有时候向上,有时候横着走,有时候向下。在不同的情境下,尊重自己真实的状态,而非跟着大众观点判断什么是好的坏的。

人是拖延与果断、懒惰与勤奋、放纵与奋斗、浪费与节约的结合体。这个世界上没有人能做到只堕落不上进。我们每个人都生活在两个相反的状态里。

爱自己,就是当我需要的时候,我愿意去照顾自己;当我一件事没做好的时候,我愿意放过自己。当我感到不甘心的时候，我按照自己的意愿再去努力下。当我有精力的时候就励志，当我觉得透支的时候就放弃。

4. 爱自己

很多人之所以难以真正爱自己，是因为他们长期陷入大众的逻辑里，被催眠"什么是好的"，按照大众的观点对待自己，习惯性忽视自己的感受。鲍鱼龙虾虽然是好东西，但不一定适合你的身体，也不一定适配你的钱包。什么才是真正的好，只有你自己的感受知道，没有固定答案。

爱自己不只是一个口号。要真正地爱自己，你就需要静下来感受你自己：

此刻你的感受是什么？
做这件事的时候你的感受是什么？
不做这件事的话你的感受是什么？
这里面有哪些矛盾的感受，哪个更重要？
此刻做什么或不做什么，可以让你的感受更好一些？
你想要的，以及更想要的是什么？

然后做一些事，让自己的感受更好一些。

如何提升自我价值感

1. 夸自己是不能让自己变好的

人多半的心理问题来自不喜欢自己。每天都觉得自己这也不够好，那也不够好。然后自卑、焦虑、努力、改正，希望自己能变成理想的模样。这样的人丧失的是自我认可的能力。

自我认可很重要。自我认可就是你能确定自己是好的，是优秀的、独特的，你是喜欢自己的。如此你在这个世界活着就是开心的，做事情就是有激情的，你的创造力就是充沛的，你的内在就是丰盛的。

那如何自我认可呢？"鸡汤学家"们会教人："你要喜欢你自己，欣赏你自己，认可你自己，爱你自己。"在学心理学之初，听到这样的言论，我会热血沸腾，如获至宝。原来幸福的秘诀，就是自我认可呀。所以我每天都要告诉自己：你已经很棒了。为了让这种感觉更真实，我会寻找证据："你看，你比甲乙丙丁都棒了，你已经获得很多成就了。"

然而每当我照镜子的时候，就又一次开始怀疑人生："你不够帅,不够有钱,不够聪明,不够努力,不够勤奋,不够有爱,还有这么多心理问题。生活让你如此艰辛,你怎么能欺骗自己说'我很棒''我喜欢自己'?"

于是又开始嫌弃自己:"为什么你都不能欣赏你自己!"欣赏自己的路,真的走得又累又让我有挫败感。这不得不让我反思,一定是哪儿出问题了。

单纯地通过夸自己,其实很难获得自我认可。当你夸自己,潜意识会跟上一句"不是这样的",就像你用力推一堵墙一样,你的力气会得到一个反作用力,墙不会有任何改变。自己夸自己,就像是小狗转圈圈咬尾巴左脚要踩着右脚爬高一样,是个自己跟自己玩的游戏。

2. 健康的自我认可

人之所以很难通过说"我很棒"来给自己催眠,是因为人的潜意识很聪明。潜意识知道自己是群居动物,对自己的评价不能离开社会和人群。如果你周围的人都不喜欢你时,你还在那儿狂热地喜欢自己,就是典型的自恋型人格障碍,是社会功能的丧失。

自我低评价,是更有利于生存的。你对自己有低评价,首先是你感觉到了"事实"如此,而"事实"则来自你感觉到大家也会这么看你,别人是这么想的。也就是说:你是通过你想象的别人对你的评价，产生了自我评价。

所以在没有得到周围的人认可的时候，潜意识不会轻易地自我认可，不然会陷入"自恋"的旋涡中。别人的看法的确是很重要的。虽然我们不能过于在意别人的看法，完全受别人看法的影响，但我们也不能忽略别人的看法。

健康的自我认可，是综合判断周围的人对你的评价，结合自己的实际情况，对自己是什么样的人得出相对客观的结论。是去看清楚别人对你的评价到底是什么，而不是想象别人就是会喜欢你或者不喜欢你。

修改自我低评价的重要方法之一，就是发现别人对你的认可。你要更多地从别人的眼睛里发现你很好，而非对着镜子告诉自己你很好。

当周围的人都开始喜欢你，不断地发现其实你很好，你从他们的眼睛中不断确认自己是好的，你就会开始慢慢相信自己是好的了。反之，即使你很喜欢自己，当周围的环境不断地给你否定、批评着你的糟糕，而你又离不开这个环境，时间久了，你也会渐渐开始自我怀疑。

人要接受周围评价的影响，这是有利于生存的。别人觉得你好，才会给你更多的爱、支持、帮助，这有利于你更好活下去。人的潜意识是相信优胜劣汰的，所以人会努力得到别人的认可。这正是人的聪明之处。

3. 关于别人的认可

得到别人的认可，大致有两种方法：

① 比较折腾的方法：改变。

哪里不好改哪里。这个方法之所以比较折腾，是因为改起来不是一般的累，而且改完后效果未必好。

当从 A 改到 B，一拨人喜欢你了，另外一拨人可能又不喜欢你了。比如说我努力变得比原来有钱了，但我还是不怎么舍得花啊，毕竟没有有钱到那种地步。然后我在一拨人眼里变成了"计较""小气""无情"的人。

通过改变自己来获得别人的认可，容易变成讨好，而且是无效的那种。

当然这不是说完全不要改变自己，当你的圈子里很多人都觉得你某个地方有问题的时候，你就要掂量下，选择要不要改正获得别人的喜欢。

② 比较省力的方法：发现。

别人的喜欢，不只是来自你努力改变自己，还来自——发现别人一直都很喜欢你！

喜欢你的人很多，你值得被喜欢的方面也很多。只是你没时间、没心思、没精力去发现。你总是着急改变自己，以获得不喜欢的人的喜欢,却没有停下来,让自己有机会发现,你正在被一些人喜欢着。这个世界上总有些人不喜欢你,但这不影响另外一些人喜欢你。虽然喜欢你的人也会不喜欢你的某些方面,但这不影响你有的方面很让人喜欢。

你不知道的是,在那些愿意留在你身边的人的眼里,你的优点有很多。

因此,别人的看法还是要在意的。不在意别人的看法,你怎么能知道你很好呢?只不过不要太在意别人说你的好,也不要太在意别人说你的差,最起码要均衡。

4. 发现别人认可你的绝招

怎么发现呢?如果你没准备好接受,别人夸你是没有用的。

一个姑娘说她不喜欢自己,觉得自己很失败。我说:"你很厉害呀,你都获得了那么多荣耀了。"姑娘说:"但是我很拖延。"我夸她 A 优点,她就要补充"但是我有 B 缺点啊"。

发现别人在认可你,一定建立在你准备好听的基础上的。不然你是识别不到别人的认可的。

怎么做呢?一句话就可以解决。

如果你愿意反复使用这句话,你将会越来越喜欢自己。

当然你要记得,喜欢自己,自我认可,不是一天两天练成的。这句话需要反复使用、长期使用。跟减肥一样,是一个累积的过程。这比减肥简单的是,这个办法只有一句话,你只要反复使用就好啦。

这句话就是:你觉得我哪里好呢?

不是告诉自己"我很好",而是去问别人"我哪里好"。当你主动去问的时候,就比别人主动告诉你的时候心理准备更充分。所以主动问,才是更有效果的。

如果你觉得干巴巴地说出来有些突兀的话,那么你可以做一些铺垫。你可以问:"你喜欢我吗?喜欢我哪儿呢?你觉得我这个人有哪些优点?"你展开一个谈话,建立一个情境,然后引出这句话来就好了。

然后对方会告诉你:你可爱、优秀、勇敢、努力、独立、上进、长得好看……你可能会不相信,觉得这些字跟你有什么关系啊。他是安慰你的吧,敷衍你的吧。

那你可以进一步问:能举例说明吗?然后对方就会告诉你,他为什么觉得你有这些优点,通过现实中的例子来确认,你会更加相信的。

一次两次,你有所怀疑。当你听到周围的100个人说了100次同一个优点后,你就开始渐渐相信了。这个就是内化的过程。

"你喜欢我什么""你觉得我哪里好"这种话,不要只问一个人,要去问100个人。只问一个人,问100遍,你也很难确认这是你的优点,因为样本不充分。但是问100个人,你就可以确认了。

不排除就是有人说不出你一个优点来。那你一定要知道,这绝对是他的问题。

5. 难点

通过主动发现别人的认可来建立自我价值,有几个难点:

第一个难点,主动。主动寻求夸奖,仿佛是件羞耻的事情。以前人们教你:要多询问别人的意见,多虚心接受别人的建议。别人指出你的缺点,是为你好。实际上,我们也需要别人指出我们的优点。

第二个难点,信任。去相信别人说的好是真的很难,因为这与自己平时的判断相悖。

第三个难点,你并不完美。你有些不好的确不会消失,即使别人发现了你100个优点,你有些不好依然存在,这是我们所有人的共性,我们也无须得到完美的认可。

我只是做我自己，错了吗

1. 自我是什么

做自己是个流行词，以至于我们常说：你要有自我，你要做自己，成为你自己。可是，什么才是自我？自我跟任性、自我中心有什么不一样？

我们以水果举例。水果是一个合集概念，并不存在"水果"这个实体。水果是苹果、芒果、圣女果、火龙果等的集合。自我也是一个合集，自我是我的需求、我的感受、我的利益、我的观点、我的价值等与"我"有关的集合。

山本耀司说："'自我'这个东西是看不见的。撞上一些别的什么，反弹回来，人才了解了'自我'。"

你的需求被拒绝后，你知道了那是你的需求。如果你的需求一直被满足，你就不知道自我的边界在哪。当妈妈无限满足小孩，小孩就会不知道自我的边界在哪，他的潜意识就会把妈妈识别为自我意志力的延伸，无法把妈妈当成一个人来尊重。

当你的观点被否定后，你就开始知道这个观点只属于你，并不是人人都和你想的一样。如果一个人的观点一直被同意，说什么都是对的，他就感觉不到自我的存在，体验到剧烈的空虚。

当你感觉到难受的时候，你开始体验到"我很难受"，并从中确认自己的存在。如果一个人一直顺风顺水，没有难受，他就感觉不到自己的存在，不知道活着的意义。

被拒绝、被否定、被忽视虽然让人难受，但本质上也是在帮人确立自我。难受是一种强烈的存在感。一个人充分被满足的时候，是感觉不到自我的。当然并不是难受你就有自我了，而是难受让你发现了这是你自己而非他人或世界的事，你就找到自我了。

这些难受帮助你掉头看到自己的边界，确认这些是自己的事，你就可以用一个成年人的姿态安抚自己。

有了这些难受，不代表你一定感觉到自我。不使用它们，你依然会觉得是别人的问题，然后企图改变他人来缓解难受。你渴望对方认同你的观点，仿佛这个观点是世界的真理，而不只属于你自己。当你不能承认自己的感受属于自己时，你会觉得别人就应该来照顾我，仿佛别人和你是一体的。

有自我就是明确自己的观点，清晰自己的需求，明白自己的利益，知道自己的感受，知道自己在团体社会中所处的位置。

2. 没有自我

一个没有自我的人，很容易放弃和妥协。

他会觉得自己的需要不重要，在人际关系中也很难主动表达自己的需求。教室里冷的时候，不敢说空调调高点。被别人打扰的时候，不敢说请安静。几乎不能拒绝别人的要求，再难受，都会忍着。

他会觉得自己的感受不重要，他做事情和说话都小心翼翼，生怕打扰到别人，说话久了会感觉自己在占用别人时间。就连生气、难过、伤心的时候都在笑，很克制地悲伤，怕自己的情绪影响到别人。在乎别人怎么看，容易受影响和干扰。

他会忽视自己的观点。他不能坚定"我是好的"，所以当别人说"你很差"的时候，他就很容易难过受伤。他跟别人聊天，会用很多"好的""嗯嗯""可以""都行"这些看起来非常顺从的回答。

这种人开始让人舒服，因为他不会跟你冲突，还总是在让着你，满足你。但深交起来，会让人特别痛苦。因为他没有自我，你就无法确认你的自我。跟他在一起，你觉得跟机器人在一起一样，孤独而抓狂。你还不能对他生气，他好像也没做错什么，看起来甚至还做了挺多好的事情。可他就是不能用他的自我回应你的自我。

对于界限被别人的一再侵犯，他愤怒而委屈：为什么别人要侵犯我的界限，为什么别人不知道尊重我，为什么别人这么不懂事。

这种人不知道的是：这个世界上本来是没有界限的。是你先确立了自己的界限，别人才知道界限的存在。别人的界限，其实都是你教会的。

你拒绝，别人就知道了你的底线。你表达，别人就知道了你的观点。你争取，别人就知道了你的需求。大自然讨厌真空，你从来不展示你的界限，别人就会无限侵犯你，使用你，直到并确认到你的底线才停止。

3. 做自己错了吗

敢于说"我不"和"我想要"的人，都是非常做自己的。但做自己的过程，必然会引起他人的不理解和反对。这时候内在不确定的人，就会产生自我怀疑：我错了吗？投射出来，也可能是质疑外在：难道我这样错了吗？为什么你就不能理解我？为什么你就不能同意我？

比如说，很多工作很忙的女性得不到伴侣、家人相应的支持，她们就会发出疑问：我只是想做我自己，错了吗？

那些工作到深夜的男性也会发出疑问：我加班是没办法的

事，为什么老婆孩子都不能理解？

一个同学在聚餐的时候拒绝喝酒。在被劝酒的时候，他一直在强调："我不想喝酒"，可谓非常能做自己了。然后他收到朋友们"你看不起我们"的评价。同学非常委屈：我就是不想喝酒而已，难道我错了吗？

那些尝试反抗父母的人，会被以不听话、不孝顺的名义受到指责。他们也会很委屈地发问：我就是想按照我自己的方式来活，我错了吗？难道我非要听他们的，他们才满意吗？

发出这些疑问的人，其实内在是不坚定的。仿佛另外一个人给他们确定的答案，他们才能确认这是属于自己的想法。而一旦被干涉，他们就会有委屈。

坚持自己没错。只不过，坚持自己有时候是会伤害别人的。

人与人之间是没有明确界限的。关系一旦产生，很多界限都是混合共用。很多事你坚持了，别人就不能坚持。你为自己活得多了，为他人活得就是相对少了。很多时候别人之所以干涉你，是因为你做自己的时候伤害到了他。

你热爱工作没有错，但有时候就是会伤害到家庭。

你坚持不喝酒没有错，但有时候就是会伤害到朋友。

你坚持不加班没有错，但有时候就是会伤害到领导。

你坚持争取自己的利益，有时候是会伤害到别人的利益。

你太敢于提出自己的要求，就是让那些拒绝困难的人很难受。

你坚持要别人尊重你，不否定你批评你，别人就是会失去了言论自由。

你坚持自己的观点没有错，但你坚持的时候别人就是容易体验到被否定。

别人批评你，你还坚持自己是好的，拒绝改正，别人就会感到不爽。

这个不是对与错的问题，而是选择与代价的问题。你坚持自己，就会给对你有需要的人带来伤害。除非他们不再对你有需要，可是他们也做不到。他们对你失望，就会生气伤心。

承受别人的受伤和指责，就是你自我的一部分。当他们不同意你，不满足你，他们那一刻就不再跟你融合，你就成了你自己。有些孤独，是因为你还不习惯自己的本质是一个人，一个独立的人。

4. 另外一种没有自我

并不是敢于表达自己和坚持利益就是做自己。做自己的重点，是你知道你要什么，去选择，然后承担代价。有些你的表达和坚持，只是自动反应，是你的叛逆、倔强而已。

反驳不一定是做自己。

当你的观点被否定的时候，你可能会惯性反驳，觉得对方说得不对。反驳是希望对方同意，仿佛只有对方同意了自己的观点才是自己的。背后的潜台词依然是：只有你盖章的观点，才配存在。

做自己是发现自己的观点是什么。通过对方的否定，你知道了他的观点，然后你感到了某种不舒服，在这种不舒服里你开始思考自己的观点是什么，对方是否说得对，你是否同意他，然后你做出一个判断，确立了自己的观点是什么。这时候你就是在做自己了。

拒绝不一定是在做自己。

如果有人对你提要求，尝试侵犯你的利益，让你做你不喜欢的事，你习惯说"我不"，可能会给对方造成伤害，然后对方可能会进一步伤害你。比如说你拒绝老板加班，你可能会失去工作。你拒绝老师的提问，你可能会被请出教室。你拒绝父母安排的相亲，你可能会被拉黑或被断掉经济支持。如果这个结果不是你想要的，说明你对自己的需要并不清晰，你只是习惯性反弹而已。这时候的坚持和拒绝，反而让你保护不了自己。

做自己就是，你能明白自己真正的需要，权衡下利弊，在当下那个情境下是维护自己的利益更合适，还是舍弃一小部分利益避免更大损失更有利。

当你知道自己想要什么，自己的想法是什么，坚持的代价是什么，然后选择坚持或妥协，你就是在做自己了。

5. 坚持与妥协

有时候你越能活出自己，就越会让别人不能活出自己。你活得越爽，可能越会让别人不爽。两个有自我的人成为伴侣，他要做自己去法国，你要做自己去古巴，你们都做自己就不能彼此陪伴了。你做自己要去工作，他做自己要去赚钱，你们都做自己，那你们的家就真的只剩下钱了。

妥协是关系的重要组成部分。如果你不妥协，你就只能让别人妥协。你坚持自己的需要、观点都没有错，如果关系破碎，那你就是在忽视自己对感情的需要。我们说一个人太自我，就是他眼里只有他自己的那部分坚持和满足，不懂得妥协，看不到他对关系的需要。

实际上，坚持与妥协，在关系中都是必要的。当你更想拥有一定的人际关系，就要懂得放低姿态，不要总是让别人失望、难受、被拒绝，不要总是踩踏别人的底线，让别人发怒。

妥协听起来是个令人委屈的事，其实并不是。爱是忍让，是成全，是妥协，你爱一个人，有时候就是愿意为了他做一些牺牲，这是非常伟大的部分。当你知道你在为爱而牺牲，那你就是有自我的，这是你的信仰。当你爱一个人，对方就是你自我的一部分，因此照顾对方就是在照顾你自己。

当你明明想这样，却做出来那样的行为时，我们才说你没有自我。你的愿望是坚持，却做了妥协。你的想法是觉得对方是错的，却选择了纵容。你背叛了你真实的自己，你才没了自我。

6. 关系中更高级的自我

爱是照顾对方的感受，照顾不仅是妥协。即使你不想妥协，如果你是有爱的，你依然可以找到既不用妥协又照顾对方感受的方式。这种方式就是共赢。

在共赢里，你会意识到，有时候，别人需要的只是感受到你的爱、重视、关心、尊重，不一定非要你在现实上做什么。

比如我出去应酬，我不会喝酒，因为喝了真难受。但我知道如果我拒绝，就会让他人和气氛都不舒服。所以我有时候会带好酒，让他们感觉到我是重视感情的。同时我会用真诚的理由说明我为什么不能喝：胃疼、脾疼、肝疼、肚子疼，头疼，心疼。当他们感觉到我的真诚，我们的关系就不会被伤害。

一个来访者说他总是无奈加班，总是责怪老婆不理解自己。我的建议是，老婆理解、保护你的感受，但就会伤害她自己感受。老婆不一定非要你不加班，而是需要你多一点表达在乎。双方亲密时间不够，就用浓度来补。多送点小礼物，说点好听的，在一起的时候专心些。老婆感觉到你的爱，就不会太抱怨你加班了。

这个是需要花费心思的。当你意识到照顾好对方的感受、维护好你们的关系也是你的需要之一时，那么为此花费点心思，就是你做自己的一部分了。

你所追求的"足够好",其实谋杀了你的生活

1. 我觉得我不够好

你永远不知道自己有多差,直到遇到比你牛的人。当你一次遇到很多而且都是同龄人的时候,你就会忍不住怀疑自己。

之前我到英国塔维斯托克中心参加一个专业培训。这个培训比较高端,来的人自然也都比较厉害。先不说别的,就单单说语言,我蹩脚的中式英文在说完"hello"后就没了,只能被别人说"so shy"。

我们学习团带的中文翻译,仿佛就是为我一个人准备的。这些中国学习者们,语言流利得和本土长大的人一样。外出吃饭,好心的姑娘给我翻译服务生的话,这让我觉得无地自容。

而且他们的经济能力也一个比一个厉害。我是下了很大决心才愿意付这笔学费、路费和住宿费的,因为我实在太想来学习了。可对他们来说,学习好像才是附带的,他们的主线任务是在伦敦购买各种奢侈品。

在他们面前，我觉得我木讷、土、不合群，紧张又尴尬。有一种乡下人进城的即视感。

回到我的主线任务里，我是来学习的。但我的表现也很糟糕。我很想努力听课，但外国人说话怪怪的，翻译后更怪，弄得我总走神。我终于听懂俩单词：Any questions？然后意识到，这是已经讲完了，可是我还没开始听呢。后面我没得可问，只能听听他们问什么，尝试还原老师讲了什么。好不挫败。我想我的脑子被海关"扣"了，没能带来。跟他们在一起，我心里一直在说："不好意思给大家添堵了。"

我觉得我不够好。

2. 人的一生，其实就是接纳自己平凡的过程

当我意识到自己认为自己不够好的时候，我被自己吓到了。我问了自己一个问题：我真的很差吗？这和我在国内的优越感，完全是不同的体验啊。我还是原来的我，没有一丝丝改变，为何我的体验变了？

嫌弃自己不够好，实际上在说我想比你好，不想比你差。

自卑是一种攀比。世界上不存在真正差的人，差只在比较中才能产生。当一个人觉得自己差的时候，一定是去跟一个优秀的人做了比较，可能是现实中的人，可能是想象中的人。

因为不接受自己比那个人差，所以就责怪自己。

因此自卑也是一种竞争，是一种要强。当我意识到自己在跟这些人攀比的时候，我决定放下，然后跟自己说"算了吧，没关系"。

我总能遇到比我强的人，总会被一些人比下去。我不可能比所有人都好，我也不需要比所有人都好。用优秀的人来否定自己，简直是在自虐。

何况，此刻我比你差，没关系的。我这些方面不如他们好，这不影响我还有很多朋友、家人和支持者觉得我很好。想到他们的时候，我就觉得温暖。

人的一生，其实就是接纳自己平凡的过程。

你总会在一个群体里，觉得自己很棒；总会在另外一个群体里，觉得自己很差；总会遇到一个人，让你觉得你很好，也总会遇到一个人，让你觉得你很差。但你又不是所有方面都很差，有什么关系？

这些看起来比我优秀的人，也许在我面前会产生优越感，和我比较后觉得自己很棒。但当他们回到自己的群体里或者在另外一个更高端的群体里，他们依然也会被比较而觉得自己普通甚至很差。在那个群体里，如果他们也去比较的话，想必也会觉得自己很差吧。

其实这个世界上并不存在差，只存在群体。人无法永远只面对比自己好的人，更无法永远只面对比自己差的人。所以人的体验必然是有时候好有时候糟，这就是平凡。

然后我又问自己：即使我很差，那有什么关系呢？我为何介意这个？

3. 我有喜欢我的人就够了

担心自己差的第一个原因是：怕不被喜欢。

我嫌弃自己差的时候，说话都觉得尴尬。在人群中，如果你觉得尴尬，内心深处会有这样的想法：我这么差，你这么优秀，你一定不会喜欢我吧，一定不屑于跟我这种人做朋友吧。我好怕你不喜欢我，我一定得有所表现，才能避免你不喜欢我。可是我又不知道怎么表现才能让你喜欢我，所以就手足无措。

尴尬来自渴望跟别人连接，然而能力又暂时跟不上。

然后我问自己：这是真的吗？他们会嫌弃我差吗？他们会嘲笑我吗？会因此不喜欢我吗？

其实不会，他们并不是势利的人，并不是嫌贫爱富的人，是我的想象把他们变成了这样刻薄的人。而这个想象是我小时候那些苛刻的人带来的，是我的父母更喜欢隔壁家的孩子，嫌弃我不够好。是小学那些没有受过高等教育的老师更喜欢学习好的同桌，嫌弃我不够好。

这些人并不是那样的。在他们面前，即使我很差，我也配说话。

然后我又跟自己说了个"没关系"，退一万步讲，即使他们嫌弃我，可那又怎样呢？没关系的，他们能喜欢我更好，不喜欢也没关系。我不需要所有人都喜欢我。即使这个群体的人都不喜欢我，我不属于这个"上流社会"，这个世界上还是有很多人喜欢我的。我们分开后，回到各自的世界里去，还是有很多人觉得我好。我又不是被所有人讨厌了，有什么关系？

有了这个觉知，我就去做了核对。他们居然觉得我不爱玩，很爱学习！觉得找我这样的人玩，怕打扰我学习！！这误会，太深了。

4. 我不需要利益最大化

介意自己差的第二个原因是：对不能产生价值的焦虑。

我上课时，焦虑在说要好好学习，你花这么多钱来了，不能浪费啊；你大把的时间泡在这儿，不能浪费啊；既然来了，你就要好好听课啊；既然听了，你就好好消化啊。尤其是看别人听得那么流利，这个焦虑就更强了。

我的焦虑在说：你要最大限度地做好。

焦虑，其实就是给自己设置的目标高出了自己的能力。专心听全部的内容，显然超出了我的能力。

我被自己的贪婪吓了一跳。这不仅是能力问题，而是我预设了世界的资源是匮乏的，所以我必须要用力抓住能抓住的一切。仿佛错过这次学习机会，我损失的是几个亿一样；仿佛这次没有学好，像是我要考不上大学这辈子要完了一样。

这像极了小时候家里穷，父母在耳边不停地重复要节约不能浪费，要努力，要对得起他们的辛苦和学费。像极了老师每天都重复的高考就是千军万马过独木桥，所以你必须要拼搏要全力以赴。

离开那个匮乏的环境已经十几年了，仿似我还生活在那里一样，不停地要逼自己产生价值、更加进步。

我想，来这里听课的人，没有人能全部吸收消化所有知识。即使他们听到了，也不一定记住了，不一定消化了。也许他们跟我的差别，就是他们能消化30%，而我只能消化10%。

可是那又怎样，这些内容我不需要全部消化。学到了一两个知识点，就是收获了呢。即使没学到，起码我终于有机会走出了国门，看了看不同地域的风土人情，认识了一些没听说过的奢侈品品牌，足够了，我不需要利益最大化。

人只要活着，就会进步。无非是昨天10步，今天2步而已。即使看起来的退步，也是进步路上必修的弯路。

5. 去做能做到的，原谅自己做不到的

有了"没关系"和"不怕"，我觉得自己在跟他们交往的时候坦然了很多。我不再勉强自己一定要跟他们连接，不再渴望他们的认同。我接受了自己的局限性，然后我发现自己变得可爱起来了。接纳自己，就是不攻击自己。睁开眼看看的时候，我感觉这个世界比我想象得要善良的多：我自己也不差。我只看到了他们的优点，没看到他们的缺点。只看到了我对他们的羡慕，看不到他们对我的羡慕。

即使我有的地方差，这也没关系了。

我们小时候不被允许差，不被允许不够努力。所以我们总是快速、努力、拼命往前走，追求得到很多人的爱。

但是我们现在长大了，我们可以学习爱自己了。学会跟自己说没关系，就是放过自己。放过自己，就是对自己最大的宽容。对自己宽容，就是爱自己。

没关系不是放弃自己，而是别太勉强自己。去做能做到的，原谅自己做不到的，按照自己的节奏慢慢走，这就是做自己。不一定是最优秀的路，但一定是属于你的、最特别的路，那

是你为自己定制的路。

做真实的自己，总有人喜欢，总有人不喜欢。做真实的自己，总有人觉得你好，总有人觉得你不好。伪装自己也一样。伪装会把自己搞得很累、很紧张、很尴尬、很挫败。何必呢？

把真实的自己放在那里，被一些人爱就好，不用追求所有人的爱。

你为什么那么需要别人的认可

1. 害怕别人说我不好

有的人害怕别人说自己不好。比较敏感的人,甚至会预设自己被否定。当有一点点不被认可的可能时,他们就会跳起来反驳,或者陷入受伤的情绪中。

他们的世界里有这样的逻辑:只要不是明显的、积极正向的肯定就是对我的否定;忽视、不表达看法、发表中性看法就是对我的否定。

刚开始学习心理学时,我在实习咨询中会努力告诉我的访客:你是值得被爱的,别人没有否定你,没有不爱你,是你想多了。他们会很茫然地望着我,仿似听不懂我在说什么。他们根深蒂固的信念,让我的努力显得非常无力。

后来,我不得不承认:是的,人有时候就是没那么被爱,甚至不被爱、不被认可,有时候你的存在对别人来说无所谓,甚至你在别人眼里就是一个糟糕的存在。这很遗憾。也许你无法改变别人的态度,但你可以思考的是:

你为什么这么需要别人认可你？

别人的否定是怎么伤害到你的？

难道你优秀、你聪明、你厉害、你赚钱多、你地位高，别人就应该大声地夸奖你，然后对你顶礼膜拜？

难道因为你善良、你漂亮、你可爱、你无辜、你可怜、你脆弱，别人就应该让着你、夸奖你、鼓励你、时刻说爱你？就算你是对的，别人是错的，别人就有对你说真话的义务吗？

再直接点说，你好不好，跟别人有什么关系呢？即使你优秀了、可爱了，别人也可能看不到你，被忽略和否定，还是一样会发生。

"我优秀，就要被认可""我是好的，你就不应该否定我"其实是对他人的一种绑架，也是一种自恋。

2. 自我评价的不稳定

被否定的时候，有的人会感觉到愤怒。觉得我不是这样的人，你凭什么这么说我。他们会感觉到被否定、被冤枉、被误解、被嫌弃、被贬低，有很大的委屈和挫败感。他们会觉得自己的痛苦都是对方不切实际的评价导致的。

但实际上，别人又不是侦探，不是法官，不是调研，不是科研，日常生活中无须发表绝对客观正确的言论，如果你介意他们乱说，只有一个原因：你自己的价值感被冲击到了。

无法确认自己是好的，你就需要通过他人的认同来确认自己是好的。

想象一下，在你非常确信的地方，你需要别人的认同吗？比如你是个男的，当有人质疑你的性别，你会想证明给对方看吗？如果你感觉自己缺乏阳刚之气，不太喜欢自己性格的腼腆、内敛、犹豫、懦弱，你可能就会被对方的性别怀疑冲击到了。

因此，你介意被否定，是因为你内在已经有了自我否定。可是你不想听到自己这些声音，你就希望借助于他人的声音来掩盖自己的心虚。这种感觉就是，你在问一个人：我是不是很棒？快说，我是不是很棒？！

也就是说，一个不能认可自己的人，才会那么需要别人认可。你内在的自我否定程度，直接决定了对他人认可的需求强度。

人的价值感，是自我评价和他人评价的综合结果。当你被否定冲击到了，你无法改变也不需要去改变别人的评价，你更可以去看看你自己：你对自己的否定有哪些？

3. 为什么你会自我否定

在人出生的时候，对自己是没有评价的。

婴儿的自我评价来自父母，父母的评价会内化为小孩子对自己的评价。评价越是早期，内化度就越高。当婴儿出生的时候，父母已经开始评价他/她了：他/她是个长得怎么样的孩子，他/她是个什么性格的人。

被认可是人类成长必需的心理营养，就像身体里的钙一样。在你小的时候，你需要通过不断被认可来确认"我是好的"，遗憾的是你的爸爸妈妈没有能力给你足够的表扬和认可，却总能说出你哪儿不好来。所以在你年幼的时候就借助他们来确认了自己的价值存在：我可能是不好的。但他们又没有给你完全的否定和嫌弃，又让你没有十分确认自己的存在就一定是不好的。

父母不稳定的评价，使你内化进来的评价形成了一个天平，一边装着"我很差"，一边装着"不，我没有这么差"。所以这时候，你就需要别人来帮忙："快，快来确认下我是好的。快说，我是好的。"

这样的你长大后，会极度需要别人的认可来滋养你，重新去做父母当年没有为你做的事情，重新给你认可，你的潜意识并没有放弃努力，它一次次想破除当年的你形成的"我不好"的经验。

但正常人对你的评价有好有坏，参差不齐。你有时候接收到一点认可，你认可了自己一点点，你接收一些否定，这时候你对自己的认可又失去了一点点。长此以往，你的自我评价还是不能稳定。

除非你遇到一个好的恋人或心理咨询师，能不断给你鼓励、肯定，打破你的自我否定，改变你固化的自我形象。这个人必须能确立自己的价值，他才能够发现并随时表达出对你的欣赏，才能发现你的美。

然而这是困难的，一个没得到过认可的人，和你一样，表面亮丽光鲜，内心充满自我否定。他都看不到自己的好，哪有能力看到你的好。

从这个角度说，其实那些批评、否定、指责你的人，并非全是因为你不好，而是他们习惯了对自己进行批评和挑剔，也会对你那样。他们的人生只有闭嘴和发现不好，没有能力给他人认可和肯定。

4. 自我认可和他人认可的关系

因为你不能认可自己，才那么需要别人认可你。如果你完全否定自己，记为 -100 分，就会需要别人 100 分的认可，才能达到心理上的平衡。若别人给你 30 分的认可，显然是不够的。这就是你为什么看不到别人说你好，总能看到别人说你不好。

因为他的 30 分认可只能抵掉你 30 分的自我否定，你还剩下 70 分的自我否定，它们投射出去，你就会看到他否定了你 70 分。

当你自我认可度达到 80 分的时候，你对别人给你的认可就只需要 20 分了。别人给你 30 分的认可，你就可以接收到了。别人隐晦的夸奖，你终于能听出来了。

当你的自我认可能够达到 100 分的时候，别人对你的认可，就是多出来的，滋养你的。别人没有给你认可的时候，你也可以自我认可，因为你完全知道自己的价值。别人否定你的时候，你有充分的自我认可做基础，你可以客观看待他人的意见，而不会完全接受他人的否定。所以，如果你想减少对别人认可的需要，就要先学会认可你自己。

所以，当你被别人的否定冲击到，你先给自己打个分：此刻你的受伤感是几分。这里面有多少分是别人的否定，有多少分是你自我否定的叠加。

这时候别人的否定就帮你看到了你的脆弱的自我，你严苛的自我否定。你需要做的，不是矫正他人的那部分评价，而是矫正自己的那部分评价。

你需要发现你值得被爱，并且爱上自己。你需要不再对自己苛刻、批评，不再像父母当年吝啬表扬你一样吝啬表扬自己。一次次，一点点，学会给自己的心灵解绑。将自己的好不好与他人的评价，与自己的能力、性格脱钩。你确认自己的存在就是好的，无须这些外在的东西来证明。

什么是好的陪伴

1. 好的陪伴,具有疗愈功能

陪伴,是这个世界上非常美丽的一件事。世上最温柔的情话不是"我爱你",而是"还有我"。

好的陪伴,具有疗愈功能。

当你得到好的陪伴,你会感觉到温暖、踏实、放松和有安全感,你会想去靠近他、依赖他。然后你的心会慢慢打开,然后慢慢融化。你会觉得内心原来的一些恐惧、孤独、阴暗慢慢不见了,好像这个世界变得有意义起来,好像以前的人生从未活过。

当你得到好的陪伴,你会觉得每天都很开心,充满力量。偶尔难过,也会很踏实,不会有各种顾虑。偶尔害怕,也是有力量的,因为你想到陪伴你的人,就会变得勇敢起来。在好的陪伴里,你不再孤单,不再无助。

然而不是两个人在一起,就能有好的陪伴。有时候身边明明有一个人，给你的却是糟糕的陪伴。

糟糕的陪伴会伤害你。当你得到糟糕的陪伴，你会感觉到有压力、压抑、窒息、不自在，或者感到紧张、尴尬。你会感觉到与他相处好累，并想逃离这段关系，甚至你会骗自己说其实更喜欢一个人独处，甚至会骗自己说自己内向，不喜欢社交。

所谓的喜欢独处，是因为没找到能真正陪伴你的人。

那么，怎么去判断一个人给你的陪伴是好的还是糟糕的——问你的感受就知道了：此刻，因为他的存在，你是变得开心和踏实了，还是变得有压力和压抑了？

这个问题可能无法一概而论。有时候你的体验是正向的开心，有的时候则是负向的压力。那我们就说前者的时候你得到了好的陪伴，而后者的时候则对你来说是糟糕的陪伴。

2. 最好的陪伴，是我们互相陪伴

并不是身边有个人就叫陪伴，也不是两个人共处一室就是陪伴。陪伴有至少三种状态：

① 你陪我。
② 我陪你。
③ 我们相互陪伴。

在陪伴里，一个是付出者，一个是接受者。

最好的陪伴，是我们互相陪伴。我们既是付出者，同时也是接受者。比如说我们都喜欢看某一部电影，都喜欢某一个明星，都喜欢做某一件事情，我们一起去做，然后分享，我们就既在补充对方，又在被对方滋养。

然而人不可能完全一样，不可能任何时间任何地方都有共同的爱好和需求，所以不是任何时间任何方面都能相互陪伴。

这时候两个人还在一起，就意味着另外的状态：我陪伴你，或者你陪伴我。

我陪伴你，就是陪你做你喜欢的事，满足你的需求，说你喜欢听的话，聊你喜欢的话题。我的目标是让你可以轻松做你自己。这个过程中因为我的存在，你也变得更是你自己了。你陪伴我，亦然。

如果我爱你，我会心甘情愿陪伴你。但是如果我恐惧，我就会委屈自己去陪伴你。前者是两个人都开心，我爱你的时候，我也做了我自己喜欢的事。后者只让对方开心，也不算太糟。两个人在一起，至少能让一个人开心了，就是好的陪伴。糟糕的陪伴是，两个人在一起做了一些事，没有一个人是开心的。

如果你感觉你在陪伴对方，你就要问自己：此刻你的目标，是否在以对方的开心为主？

如果你在跟对方聊天，或者跟对方一起做什么，你的目的是希望对方为你做些事让你开心，那么其实你是在要求被陪伴，而非陪伴。有的人口口声声说着自己给了对方很多陪伴，但其实他很多行为都是在提要求，那他是在以陪伴为名要求被陪伴。

3. 被陪伴是一种能力

要获得良好的陪伴，最好的方式就是直接表达自己的需要。我喜欢什么，我希望你陪我做什么，你做什么我会感觉到被你陪伴。让对方知道你的需要，他才能更好地陪伴你。

当你没有让别人陪伴的勇气，你就会把别人的陪伴变成糟糕的陪伴，让双方都觉得受委屈、有压力。比如说，明明你在陪我做事情，陪我聊天，但是我却一直在怕，怕你嫌弃我，怕你觉得我事多，不自觉地压抑自己去照顾你的感受。这样会导致两个人都有付出感，却没有一个付出是成功的。

没有被陪伴能力的人在被陪伴时，会很害怕自己让对方失望，所以他的第一要务就是避免对方不开心，无意识地以对方的需求为先，去照顾对方。比如说他们在逛商场，有的人会担心对方感觉到无聊，所以逛起来不自觉加快速度。比如说他们在看电影，有的人担心对方不喜欢，所以会以逗乐、讲解、询问等方式试图引起对方的兴趣。他们去旅游，但是不太敢花钱怕对方介意。当孩子给妈妈买了衣服，妈妈心里还没敢开始感动就嚷嚷着退了吧，生怕浪费了孩子的钱。明明对方在陪伴自己，但自己却很有压力。

在被陪伴里，他们不敢享受，不敢坦然，不敢大方地让对方以自己为中心。他们小心着，警惕着，观察着，生怕对方觉得自己贪婪。而付出的人却觉得，这个人总是在否定自己的付出，他好像很难被满足。

4. 怎样给出好的陪伴

怎么给出好的陪伴呢？首先当然是你愿意，只有你决定好给对方陪伴，你才有可能给出好的陪伴。好的陪伴至少包含四个方面：

① 接纳他

一个人在被接纳的时候，才会打开自己，这时候陪伴才会成为可能。一个人在你面前，多大程度上可以做他想做的事，说他想说的话，表现他想表现的特点，不必有所担心、顾虑，就是他感受到的最恰当的被接纳程度。

然而一个人在被接纳、允许的时候，并不意味着他自己知道是被接纳、允许的。如果一个人小时候得到的嫌弃、要求和禁止多过允许、鼓励，他感受到的不接纳就会很多。他就会自动理解为这个世界对他就是不够接纳的，于是学会了伪装、隐藏、刻意。

很多妈妈以为自己是接纳孩子的，但实际的表达里经常是禁止和命令，而不是允许和鼓励，那么孩子感受到的就是不被妈妈接纳。

因此，陪伴一个人，首先就是通过你的行为告诉他，让他相信，他的一切，无论好的坏的都是可以被你接纳的。

② 以他为中心

每个人都会有自己的需求。陪伴一个人，就是暂时放下自己的需求，去陪伴另外一个人，去做他想做的事，以他的感受和满足为先。

对善于取悦他人的人来说，这一点做起来比较容易。但是对自尊心强的人来说，这些却显得很困难。

③ 参与

长大后，我经常觉得孤单，即使有人在我身边。后来跟咨询师讨论的时候，我发现其实从小我就没有被真正陪伴过。

我的小伙伴很少，因为他们觉得我太笨，都不喜欢跟我玩。我也没有兄弟姐妹，只有父母在身边。很多人会羡慕这种能在父母身边长大的人，其实父母在身边完全不同于陪伴。我父母的陪伴是这样的：他们在生活上把我照顾得很妥帖，会给我钱,会关心我是否饿着、冻着,但并不会关心我是否快乐。他们对我在做的事情也并不关心,毫无兴趣,更多时候他们只是在旁边做家务,忙自己的事。虽然他们负着该负的责任,但是心却没有投入。

陪伴,不是身体的陪伴,也不是你做了该做的事就可以了,而是要带着自己的心参与进来。是那一刻,你把对方的事当成了自己的事,成为他的同盟,让他感觉到另外一人的存在,而不是一个被摆在这里的布偶。

④ 鼓励

我们有很多不确定,不知道该说不该说,不知道该做不该做。不是不想说不想做,而是内心深处充满了担心和恐惧:这可以吗?这对吗?这会给你带来伤害吗?这会影响我的形象吗?

好的陪伴,就是允许并且鼓励。告诉他这样是可以的,并且是被支持的。

鼓励和支持,会让我们感觉到力量和勇气,更加敢于做自己。

4. 陪伴的理想状态

好的陪伴不是谁都能给的。一个内在匮乏的人,在给出好的陪伴的时候,内心会有很多怨言:"你没给我,我凭什么给你。""这太难了,根本不可能,做不到。""这样我就没有了自我,我不愿意。""我不愿意为你放下自我,哪怕是暂时的。"

实际上,我们的确是不可能24小时完全陪伴另一个人,因为我们有自己的需求。

其实,陪伴最理想的状态是:当你想高质量陪伴一个人的时候,你可以给他你能力之内的一段时间。这段时间你暂时放下你的自我,去以他为中心,感受他的感受,发现他的需求,陪他去做他想做的事,接纳并鼓励他。

当你想有一个人陪伴的时候,你也可以去寻找这样的人。世界很大,虽然没有人能给你24小时的陪伴,但是能给你一段时间陪伴的大有人在。你也可以和身边的人沟通,说出你需要怎样的陪伴,期待他怎么做。

很多时候,爱我们的人,只是不知道如何去爱,并非不爱。

比给出陪伴更重要的,是被陪伴。每个人都有自己的创伤,也需要别人的陪伴。如果你没有获得良好的被陪伴的经验,你给出的时候的确会非常难。所以,你需要更多的先去表达自己的需要,让别人来陪伴你。你更需要的是先清晰地了解自己的需要,让被陪伴成为可能。

为什么你无法享受社交

1. 你享受社交吗

虽然不是每个人都渴望社交,但也有很多人渴望社交却不知道怎么做,尤其是在一些难度系数比较大的社交场景,比如陌生人社交、在心动的异性面前、遭遇权威的时候、谈话陷入沉默的时候、需要麻烦别人帮忙的时候等。社交对有的人来说是滋养,对另外一些人来说则是压力。

如果你有这些体验,你可能存在某种程度的无法享受社交:

① 很难主动发起话题。心里渴望靠近,渴望被搭理,预演了很多话题,但一个都说不出来,甚至想开口请别人帮个忙都有很多不好意思。而享受社交的人就不一样了,初次见面主动搭话,他们毫无压力。

② 不知道怎么接话。当对方抛出个话题的时候,容易感到紧张。对大脑进行了一万遍全盘搜索,就是搜不出该说点什么,只能在那尴尬而不失礼貌的微笑,甚至尴尬地搓手手。

而享受社交的人，则说话像永动机，即使知道得不多，也总能有话聊。虽然侃侃而谈这个特点不是每次都让人舒服，但这个能力还是让人羡慕。

③ 容易沉默。站在别人面前，整个就是一块钢板杵在那儿。或者像个树墩蹲在那儿，纹丝不动。

而享受社交的人能大胆表现自己，看起来很轻松自在，在人前十分放得开，唱歌跳舞开玩笑，没有多专业，但是让人感觉很舒服。

④ 玻璃心，容易破碎。对于别人的否定、拒绝、不友善，非常敏感，对于别人不善意的回应，瞬间破碎。

享受社交的人则没有那么在意别人的眼光和拒绝。被拒绝时，他们还敢调侃对方："你这人怎么这么小气嘛。"

社交困难的人，首先是渴望社交才有了困难。那为什么对他们来说，社交会成为一种压力呢？

2. 自动假设

在熟悉的、安全的人面前，每个人都可以看起来外向，很享受这种安全的关系。但在不熟悉的关系里，人就会对对方有很多预设。是这些预设决定了我们是否享受跟对方的交流。

社交困难者采用的是敌意预设，他们的假设是：

我的存在不值得引起他的注意，他有自己的世界，他的注意力、兴趣点不会在我身上。

我的存在对他是无所谓的，不被他欢迎的。

此刻我主动说话会打扰到他，我这么打扰他，他可能会生气。

他可能会不喜欢我这样的人，我实在没有什么值得他认识我的优点。

对于我的要求他可能会拒绝，如果我说的话不合适，他会觉得我不礼貌。

我主动聊自己的话，他会觉得我这个人以自我为中心，他会没兴趣，我主动聊他的话，他会觉得不耐烦，会觉得我侵犯他。

他可能会评判我、嘲笑我、对我百般挑剔、嫌弃我、对我不屑，他对我是不耐烦的，我做错了事或说错了话他就会不开心。

我主动会显得自己巴结他似的，显得我很卑微。

享受社交的人的预设则相反：

跟别人说话是件小事，不会给他带来打扰，即使我打扰到他，他也不会太介意。

这么个小忙，又不损失什么，他一定会愿意帮我的，即使他拒绝了我，一定是他有特殊情况。

真实的我是被他接受的,所以我可以表现真实的我。

如果我跟他说话,他是愿意回应我的;如果我主动聊自己,他就会更了解我,听我的故事他会觉得很好玩;如果我主动聊他的事,他会很愿意跟我分享他自己的故事。

如果他选择了沉默,他真是憨憨的可爱或太腼腆,并非对我不感兴趣。

我们是平等的,此刻如果我跟他说话,我对他来说是重要的,他具有基本的耐心、宽容与承受能力。

社交困难者会把他人无意识地想象成一个冷漠的、不欢迎他的、对别人没兴趣的、严厉的、毫无宽容心的、不喜欢被打扰的、会拒绝别人的、对别人零忍受的人。在别人面前,社交困难者会认为自己是卑微的、不重要的、不起眼的、不优秀的、不被欢迎的人。

享受社交者则会把他人无意识地想象成一个热情的、主动的、喜欢与人交往的、喜欢帮助别人的、有一定宽容心的、有一定承受能力的、能为自己负责的人。在别人面前,他们相信自己很重要,认为自己与他人是平等的,自己值得别人认识。

不同的假设,就会推动人做出不同的反应。实际上他人到底是什么样子的,除非我们得到了足够的确认,否则便无从得知。尤其是对于陌生人,他是什么样的人,他会有什么样的态度,他此刻的状态是什么,我们都不知道。

对于我们不了解的他人部分,我们就会通过经验来想象,通过想象来填补。

3. 经验决定想法

他们为什么会有这样不同的假设呢？

人们对他人的假设认知，来自自己的经验。对人影响最大最深的就是来自原生家庭的经验。如果一个人小时候面对的爸爸妈妈是这样的：

对孩子很冷漠，没有兴趣；工作、家务都比孩子重要，不愿意多陪孩子；更喜欢别人家的小孩，觉得自家孩子不够好；对孩子不耐烦，每当孩子让他们不舒服了，准被数落；对孩子的错误、冒犯几乎零容忍。

那么小孩子就会内化一个充满敌意、严厉与冷漠的客体在自己的潜意识里。这个客体就会成为小孩子长大后与人交往的假设模板，当他在与人交往的时候，在未了解别人之前，就先把这形象投射给别人，然后自动退缩了。

如果爸爸妈妈给了小孩子很多支持、宽容与接纳，能原谅并接受他们不够好，能主动发现并看到他们，能在被需要的时候给予热情回应，小孩子就会内化一个好的客体到潜意识里。他长大后，就会自动假设别人都是好的，能够主动出击。

因此，一个人无法享受社交，是因为他内化了一个对自己不在乎、不重视、不友善的敌意客体，而能够享受的则是因为他内化了一个平等、宽容、尊重、和谐的善意客体。

这两种假设也无法说哪种更好。敌意假设他人，可以让我们在被伤害之前保护好自己，但是也会错过很多温暖。善意假设他人，会让我们在遇到拒绝与挫折的时候感到失落，但也会让我们收获很多温暖。这两种假设，诱发他人对我们产生不同的态度，让我们走上两种差异性越来越大的人生路。

你活成什么样子，别人怎么对你，取决于你怎么看待这个世界。

4. 调整自己

根据以上认知，我们调整自己的思路就很简单了：修改自己童年时形成的认知。

小时候爸爸妈妈是你的全世界，你没有机会深入接触别人。但是长大后，你要知道，这个世界虽然有冷漠，但也没你想得那么冷漠；虽然不是所有人都对你有兴趣，不是所有人都会接受你的要求，但也有人喜欢你；虽然你不是特别优秀，但也不像你自我感觉得那么差劲。

你不是像你想象中那么不配引起别人的注意，更简单地说就是：要学会看得起自己。

为什么越是亲密，越容易不耐烦

1. 不耐烦的背后是什么

在有些人的日常中，耐心几乎成了奢侈品。尤其面对亲密的人，他们越来越容易感觉到不耐烦。

很多妈妈会跟我说起她们对孩子不耐烦的事：晚上她们特别希望孩子能早点爬上床并且赶紧睡过去，特别受不了孩子很晚还不睡觉；早上她们特别希望孩子麻利点赶紧收拾完去学校，稍有点磨蹭就会对孩子大吼大叫；陪写作业时，她们更是觉得那是对自己的耐心大挑战，人生大考验。她们经常觉得人世间最大的酷刑，莫过于生了个孩子。

不耐烦还经常体现在婚姻感情里。有些人会对自己伴侣的缺点表现出零容忍，面对对方做得不够好的地方，各种嫌弃、挑剔，希望对方迅速改正。伴侣对自己不够好、不够关注时他们容易愤怒。一个来访者经常催促她老公做家务、陪孩子、工作上进，特别接受不了老公懒洋洋一副无所谓的样子。

工作中，不耐烦的人也常见。他们对下属工作的不到位、工作偏差、笨容忍特别低，稍有不合心意，就觉得下属耽误自己的工作进度，对下属发火。

不耐烦，就是受不了别人做事情不合自己心意。那种失控的感觉，百爪挠心，只想用极度的控制来强迫对方顺从自己的意志，不允许任何反抗。

其实如果你想让别人为你做什么，可以花费大量耐心一点点教他，引导他，培养他。可是你没这么多耐心，你只想他乖乖地改正，一点就通，一步到位，不占用你的时间、精力、心思。

不耐烦的本质就是小题大做。对方也许的确做得不够好，但这件事没有糟糕到让你这么大情绪，你的不耐烦里，一定夹杂了很多你自己的私货。

其实不耐烦，只是你受不了别人占用你更多的时间。

2. 对自己不耐烦

对别人不耐烦的时候，看起来是在对别人发火，其实自己心里特别委屈。

不耐烦的人挫败感是很强的。在他看来，他只想完成一个任务，不是想针对谁，可是别人却不配合他。这会让他觉得自己很失败，像是一个走投无路的人在绝望地呐喊一样。

容易不耐烦的人生活中有很强的焦虑感，觉得自己什么都做不好还特别累，对自己各种不满意。工作、父母、生活、孩子、感情、亲戚、社交、自我，这么多人这么多事情错综复杂，都需要自己操心。

容易不耐烦的人内心压力非常大，有很多说不出的苦。他们自己消化不了这种难受，就会忍不住把挫败转移给别人。当他对别人不耐烦的时候，很容易就让别人体验到挫败了。

容易不耐烦的人，心理空间已经被自己的情绪装满了。他每天都在超负荷前行，特别累。这时候如果有人再给这个已满是情绪的人一丁点刺激，他可以炸掉地球。这就是为什么有的人容易没有耐心，因为他实在装不下更多的情绪了。

更可怜的是，容易不耐烦的人对别人发完火还会自责。对孩子发完火，会责怪自己为什么脾气大；对伴侣发完火，会怀疑自己是不是太作太挑剔；对员工发完火后，会更挫败地思考这是不是自己的失败。

对别人的不耐烦，都来自对自己的不耐烦。如果你有个不耐烦的伴侣或老板，你要知道，最近他过得实在太累太委屈了。如果你对孩子、伴侣或下属不耐烦了，你要思考，最近自己是不是过得太累太委屈了。

3. 你的心装得太满了

所以当你因为别人不顺意、不耐烦时，你要意识到：不一定是他们做错了什么，更有可能是你的心装得太满了。

你可以思考：我怎么了？为什么会把自己搞得这么累？

你太苛责自己了。

你要求自己一定要陪孩子睡觉，可是陪孩子睡就会占用你很多精力；你要求自己一定要对孩子负责，不要让他迟到，可是这本身就超出了你的能力范围；你陪孩子写作业，你要求自己一定要教会他，可是你没有这么多能力。你对孩子越是责任心强，越是想让他好，你就越是容易挫败。

对伴侣，你看不得他不求上进、懒惰、不完美的样子，你很想把他变成精英人士，很想让他脱离平庸的苦海。可是他不配合你，你就生气了。其实只是因为你担忧他的未来比他自己更担忧。

在工作中，你要求自己的业绩提升，你要求自己对工作认真、负责、尽心尽力、全心全意。你对自己的要求很高，你需要下属来配合你，可是他们无法像你一样用心，你就挫败了。其实只是因为你对工作的用心程度超过他们太多了。

七大姑、八大姨、表姐、表弟、堂兄、堂妹们的事，仿佛都是你的事。对于他们的事，你比他们还着急，你总是要求自己对他们负责。

爱操心的人，责任心强的人，上进心强的人，都容易感觉到累。这些人对自己太苛刻，太容易透支自己。他们透支完了自己，就没有多余承受力了，就受不了别人再给多一点刺激了。这些都表现出来就是不耐烦。

我们课程有位学员是个成家立业的爸爸，他是家族中的老大，对自己的弟弟、妹妹及他们的孩子很上心，对家族的奉献透支了他，所以他对自己的老婆、女儿特别容易发火。

我们课程有个女白领学员，她兢兢业业、十分能干、热爱拼搏，说是为了在这个城市更好地生存。她在工作中透支完了自己，回家就容易对老公和孩子不耐烦。

有的人会无限迁就父母，把父母的需求放在第一位。他们回到自己的小家，就容易对小家里的人格外挑剔。

工作、孩子、父母、亲戚、社交、梦想，你在一个方面苛求自己，就够累的了。

从这里，你也可以更好理解：为什么我们对亲密的人容易烦躁。一方面，我们自我要求很高，在高期待下人会变得很脆弱。另一方面，我们特别希望能得到亲密的人的理解和支持，最起码不给我们添乱，添堵。

期待越高，就越容易体验到失控。

4. 学会拓展自己的心理空间

耐心、宽容、友善才是真正的爱。不要以爱的名义去要求别人，真正的爱，首先是让人舒服。如果你是为他人好，请先培养他自己的意愿，用耐心的方式一点点教他。你的不耐烦只不过是在满足自己，只不过是在要求他人不要给你添更多的乱。

怎样才能变得有耐心？就是拓展自己的心理空间。

就像手机一样，如果内存充足，可以运行几个大的 app 而不会卡顿。但是如果内存空间不足，运行一个大的 app，它就会瞬间发热、卡顿、崩溃。

心理空间充足，别人在烦你的时候，你就有了多余的容量，可以供他闹腾会儿。心理空间不足，强行处理失控事件，心情就会烦躁。

怎样拓展自己的心理空间：

首先，预留失控空间。生活总是会有些你预料之外的事，可能是别人给你添乱，可能是自己状态不好，这些都会额外占用你一些时间精力。所以如果你把生活安排得很满，就容易崩溃。

我在海边住，有次一个姑娘从内陆来找我玩，我们去海边。她对大海很新鲜，就撩起裙子往水里走。她在的位置水位没有到达膝盖，她就感觉海平面的位置不足以打湿自己，所以就放心地准备玩。结果一个大浪打来，腰部以下全湿了。偶尔的大浪，就是她没有预留的准备。生活也是这样，你错误地把生活当成平静的样子来安排你的时间，你就会被突然的大浪给打乱。

其次，学会放过自己。其实你不需要那么多的责任心，不需要那么上进，不需要那么用心，不需要那么操心。

这个过程就需要你接纳平凡的自己。你没有你想象得那么有能力，强行做很多超出能力范围的事，就是会透支自己。一旦你透支自己，就会转移到亲近的人身上来补偿。

你可能觉得，这么多事能不管吗？衣服不洗行吗？孩子不管行吗？工作不做行吗？可你是否有想过，你管这么多，谁管你呢？

管，和管到什么程度是两个概念。其实是你的潜意识一定要把你弄到精疲力竭没有自己的时间才能体验到管，只要还有空闲的时间和放松的心情，你就会贪婪地总想再做一些。

事业成功、孩子成功、好人形象等都是有代价的，这个代价就是系统中爱你的人牺牲。而"有限性"，是每个人的成长过程中都必须要学会的三个字。

慢下来，停下来，少操心，别着急。人生苦短，别太难为自己。

建立深度而成熟的人际关系

不困在自己的世界，真正且正确地走入人与人构成的世界，建立一个个稳固的关系，让这些关系与自己一起，成为真实的自己。

听话的人生，是不会"开挂"的

1. 谁的工作不辛苦

Y是我成长课里的一个姑娘，从事销售工作，就是那种没什么大背景、没什么超级业绩、没什么权力的普通坐班销售。Y觉得工作很苦，并且做得很委屈。她有以下苦恼：

① 花式加班

不下班不开会，一开就停不下来；有客户要加班，客户不来人不能走，客户不走人更不能走；聚会要加班，公司隔三岔五晚上聚餐，领导说这是团建，是提高凝聚力的事情，必须要参加的；周末加班，有时候是以工作忙、业绩要紧为由，有时候是以业绩没完成，取消休假为由；有时候加班根本不需要理由，中午加班，客户要是11点来，午饭被拖到下午3点没商量。

② 客户刁难

做销售嘛，Y说，客户就是上帝。上帝一来，只能逢迎。

把客户当上帝久了，客户也把自己当上帝。经常有客户吹牛、挑剔，发泄完情绪走了，留下Y独自叹息。有时候运气好点，是和同事一起叹息。她安慰自己：销售嘛，就是有很多单成不了，但你还得认真对待所有有意向和假装有意向的客户。

③ 领导苛刻

Y说，领导批评起来，她都很想递杯水，问一句：这么能说不累吗？有次Y来例假肚子疼，想请假回家。领导说："谁没例假，就你毛病多。"有个新婚女同事怀孕了，领导以工作压力大，对腹中孩子不好为由，把怀孕同事调到了环境糟糕的后勤岗。Y说她仿佛看到了自己的明天。

④ 同事间人际关系复杂

同事之间都是表面"塑料情"，底下暗流涌动。单位虽小，但是关系错综复杂。Y说，她从来不跟别人争，也玩不转钩心斗角。别人跟她抢业绩，她就让给人家。

我一开始听的时候，对姑娘充满了心疼："不累吗？"姑娘说："累，但是没办法啊。这就是生活啊，这就是人生啊，这就是工作啊。哪有工作不辛苦？谁的人生不委屈……"

我给了Y很多建议，拒绝啊，辞职啊，换工作啊，然后又鼓励Y去做自己喜欢的事，这样可以让自己的人生幸福点。她听完问了句："然后呢？"把我问住了。

我意识到,阻碍 Y 实现轻松富足的人生的,不是能力,是她的心理状态。

2. 乖孩子的逻辑

Y 没意识到自己的逻辑:我必须要绝对服从于权威。

因为领导是有权力的,所以她要听领导的,即使领导的要求非常不合理也不能拒绝。她尝试着提出的要求一旦被否定就不能再坚持,因为权力、权威永远都凌驾在她个人想法之上。即使她自己十分不愿意,甚至十分讨厌,也要忍着自己的不舒服强行去执行。

Y 的人生就是被这样的逻辑笼罩着,并且没发现有什么问题。我给了 Y 一个建议,跟领导说:"领导,我晚上有约会,不能工作了。我先走了。" Y 觉得我疯了,这么做被辞退怎么办。

这就是她的矛盾之处。Y 其实也不想干了,但她可以接受主动辞职,却不能接受被辞退。因为被辞退,意味着权威是对自己不满意的。

Y 的世界里从来没有过"拒绝"这两个字。她一直是默默工作,默默服从,十分努力,等待晋升。她觉得,天道酬勤,所以要努力。可是 Y 不知道的是,这种不情愿的、带着委屈的勤只会让她更加厌恶这个世界。

Y宁愿委屈自己也不去拒绝是有原因的。这是一个"乖孩子"的典型逻辑：我拒绝你，我就是错的；我按要求做，我就是对的。只要我没做错什么，你就不能惩罚我。我全听你的，你就不能抛弃我。我按你期待的去努力，你就不能说我。

拒绝权威，会让人体验到自己和权威是平等的。和权威平等是乖孩子承受不了的。所以在权威面前，Y只有委屈自己绝对服从，才能觉得熟悉又安全。

3. 话语权归谁

客户关系也是这样。Y认为，客户是比自己高级的存在。所以凡是客户的要求，Y都不敢怠慢。为了陪客户，Y什么都放得下，美食啊，约会啊，健身啊，看电影啊，通通说放就放。

我问她，你为什么不能为了自己的需求，说出这样的话：

"王先生，今天太晚了，我要下班了。如果你真想买，我们可以明天谈。"

"李小姐，午饭时间到了，我要去吃个饭了。如果你有时间，可以在这等我一个小时，或者下次我们接着再聊。"

"张先生，我今天有事情，不能接待你了。我们约下周二见面再聊好吗？"

我的这些建议，吓得 Y 出了一身冷汗，Y 说，她无论如何也跟客户说不出这样的话来，那是客户啊。

客户怎么了？你很在乎这笔提成吗？比你按时吃饭还重要？你知道这个客户的成交性并不大啊，你只是不敢拒绝而已。

然后我就说了下我的看法：销售有三种，权威式销售、取悦式销售和平等式销售。在理财、银行、房产、保险、实业等众多行业里，这三种销售型的人都有。

权威式销售的特点，就是客户巴结销售，生怕销售不理自己。这种销售就是专家、作家、网络大 V、讲师、好朋友……而取悦式销售反之，是销售巴结客户，生怕客户不理自己，他们是一些非常渴望成单的推销员。而平等式销售，则是我只是给你介绍我的产品，并不强迫或渴求你要跟我成单。因为我相信自己的产品足够好，或者我相信总会有人需要，我也相信有你这一单和没你这一单都没什么关系，所以我不勉强你，也不勉强自己。我虽然在赚你的钱，但我也在给你提供服务，我们是平等的。

其实人跟人之间的关系都是这三种：你想比对方站位高，成为权威；你比对方低，他是权威；你们之间是平等的，没有人是权威。

三种销售的最大区别，其实就是看谁有话语权意识。话语权的意思是，我是否敢在我们的关系里占有主导地位。这个和职位没什么关系，职场中也有很多年轻人敢给老板提意见，因为这些年轻人相信，即使没有这份工作自己也会有别的工作。

"话语权"也是Y的世界里不曾出现的词。在客户、刁难的同事、变态的领导面前，Y都没有话语权的意识。不是Y不敢有，而是Y从来没想过自己可以有话语权。

4. 听话，就是不敢特别

我总结了下Y的处世模式，四个词：不争，不抢，不任性，不叛逆。再用两个字深度概括下Y的核心信念，就是：听话。领导、客户、道理、规则、同事，凡是这些让她有威胁感的人或事，她都会绝对出让话语权。

Y说："丛，我跟你们不一样，你们有能力，才敢任性。"

我说："不是的。公司留下你，主要是因为你有能力，而不是你很乖。听话，只能推迟被淘汰的时间，改变不了被淘汰的命运。你把重点和时间都放在了如何听话、如何更听话、如何委屈自己完成听话上，这让你筋疲力尽，疲于应付。这样做的结果就是你没时间、没精力去发展能力。"

不敢拒绝、不敢反抗、不敢争取、不敢任性、不敢挑战。

这些不敢里，Y有个自己甚至没有意识到的局限：不敢特别。

大家都默默加班，就你一个人不加班。大家都取悦客户，就你一个人居然把客户晾一边。大家都在忍，就你一个人反抗。这会让你显得很特别，很叛逆，特立独行。

和别人不一样，给人一种另类的感觉，很挑战人的安全感，因为这违背了人的一个本能反应：从众。从众虽然让人平庸，但是安全啊。追求安全，恰好也不能让人出众了。

这就是为什么Y要在一个普通的岗位上提心吊胆着、辛苦着、劳累着，也不能去做点让自己舒服的事情。

不敢特别，再深入一点思考，就是不能做自己，不能有自我。因为做自己，就是独一无二的。当你放弃话语权，按照权威、规则的要求去量身定做打造自己的时候，你会成为权威心中最期待的那个人，这样权威就不会找你麻烦，你就安全了。可是你也不能有自我了。

你不能有自己的想法，不能有自己的做法，不能有自己的事情，你所有的想法、意见、事情都要由权威制定。当你有了自我的时候，你也得自行压抑掉，服从于权威。

假如你有了自我，那就完蛋了。你的自我需求会跟权威的要求发生冲突，你又没有能力反抗权威，那多痛苦。最好的自我解救之法，就是放弃自我，浑浑噩噩地活着，为权威而活。要什么特别，要什么自我，服从就好了。听话，会让你成为千篇一律的人。

这时你为了让自己舒服点,就要给自己讲道理了:大家都这样啊。人生就是这样啊。谁的工作不委屈。其实就是你不敢有自我。

不敢也是对的。权威虽然伤害你,但是也庇护你啊。离开了权威,你不相信自己能独自存活。跟权威平等,你也不相信自己的价值。所以还是乖乖地听话,混口饭吃吧。

5. 消失的叛逆期

出于职业习惯,还是跟 Y 聊了下她的原生家庭:喜欢过一个男生没有继续交往,因为妈妈不同意;每天晚上十点前必须回家,妈妈的要求……家里的一切都是妈妈说了算,她说什么,Y 都必须去做。

我问:"你有过叛逆期吗?"

Y 说:"没有。"

我微笑了下,嗯,好听话的孩子。话语权在这个家庭里,就是一个禁忌。

讨好不是问题，危险才是

1. 讨好的本质

讨好的表现有：

① 害怕别人不开心。当别人不开心的时候，总感觉自己有责任要去照顾他人的感受。

② 不自觉地取悦别人。下意识地做些别人可能会喜欢和开心的事，看到别人开心了会心安。

③ 怕给别人添麻烦。能自己做的事，通常不去麻烦别人，即使自己做更费力。

④ 在乎别人的眼光。经常愿意为了获得别人一点喜欢，而委屈自己做不喜欢的事，特别拧巴。

⑤ 玻璃心。特别害怕别人的否定、指责、攻击，容易感觉到受伤和委屈。

⑥ 害怕冲突。当跟别人有意见差异的时候，宁愿自我牺牲，也不怎么去争取。

⑦ 不擅长拒绝。拒绝别人的时候,就会感觉自己开不了口。所以经常被别人践踏底线,而自己一忍再忍。

⑧ 不擅长提要求。辞退下属、要求涨工资、要求别人等,对你来说特别困难。

⑨ 容易愤怒。讨好最常有的情绪其实是委屈,委屈累积久了,就会易怒。而愤怒其实是用否定的方式表达需求,以协助无法直接表达需求的自己。

⑩ 不敢欠别人的。总是擅长付出,对于欠别人的人情,接受别人的帮助,会有内疚、受宠若惊、不配得感。

……

按这个标准,不知道还剩多少人敢于大胆地说出:我一点都不善于讨好他人!

讨好的本质就是:别人比我重要,我只有让别人舒服,我才是安全的,被爱的。即使我牺牲自己,即使他表面上跟我没关系,即使我不喜欢他,但我还是会把他的感受、需求放到比我更重要的位置上。

讨好跟外在形象无关。外在的你可能表现得聪明、强势、伶牙俐齿、霸气、充满戾气、容易愤怒,一副无所谓或绝不低头的样子,但你内在的恐慌、害怕、担心都能暴露出你讨好的本质。

一句话概括讨好就是：你先好了，我才能好。你不好了，我很恐慌。

2. 讨好是一种策略

有的人不喜欢自己的讨好。觉得自己这是软弱、怂、没有自我、好欺负，甚至给自己定义为"讨好型人格"。

我并不赞成讨好是一种人格，因为人格具备稳定性，而讨好不具备稳定性。你在面对一些人的时候，讨好，怕得罪人；但在面对另外一些人的时候，你并不讨好，反而觉得自己内在充满力量。

我回想了下，我讨好过的人有：出租车司机、女神、领导、客户、下属、陌生人。我基本不怎么讨好的人有：女朋友、妈妈、爸爸、惹了我的人、我自己。怂的时候很怂，卑微的时候很卑微，横的时候很横，冷的时候也真的很冷。

其实所有人都有讨好的一面。讨好顶多算一个习惯性动作，离人格、性格这个级别还差很远。一个人人都有的特点，算得上不正常吗？所以那些总觉得自己是"讨好型人格"想要改改改的人，别太在意。地球上有几十亿人跟你是一样的。

其实我们面对的他人，分为两种：想讨好的人，不想讨好的人。

而这两种人的差异就是：不安全的人，安全的人。这种差异不在于这个人的外在是否强大，而在于我们的潜意识会自动评估：这个人是否对我有威胁，我是否能绝对控制得住这个威胁。

对于那些能给你带来威胁的人，你当然要去讨好他。毕竟"认怂保平安"，毕竟"伸手不打笑脸人"。跟能威胁到你的人硬杠，是一种自取灭亡的行为，在进化过程里这种人是要被淘汰掉的。从这个角度来说，讨好是一种策略，是一种自我保护的策略。你可以感谢自己的讨好而非嫌弃，毕竟你没有学会其他保护自己的方式之前，讨好是相对最有用的方式。

而那些没有威胁或可控威胁的人，你的本能则想借着他延伸自我，希望他能做些事来为你服务，给你更多照顾。这时候当对方让你体验到失控的时候，你就想用指责的方式暴力改变他，让他继续为你服务。因此，指责也是你照顾自己、扩展自己的本能。就像是动物冬天要储备粮食一样，在安全的人那里你要通过剥夺储备能量。

欺软怕硬，是一个人照顾自己的本能。

而只有你自己的能量饱满的时候，无须通过剥夺他人来满足自我，也不需要通过贡献他人来获得安全，你就可以给出爱了。这时候你的自我才是真正强大的。

3. 讨好不是问题，危险才是

思考讨好，实际上就是思考自己体验到了什么危险。讨好不是问题，你感受到的危险才是问题。

来自他人的危险大致有 2 种：

一种是他不开心，我就不安全。如果他不开心了，他可能会对我有意见、会骂我、会整我，甚至会打我。

比如说如果我让领导不开心了，我明天可能会因为左脚先迈入公司而被开除。我在马路上让一个大哥不开心了，我怕停下一辆面包车把我突然拉走。

我印象深刻的一个惩罚就是：小学的时候下课贪玩没有上厕所，上课的时候不敢举手去厕所。因为怕老师教训"你早干吗去了，你怎么这么多事"就使劲憋着尿。

那这些危险是真的吗？真假不重要，重要的是你相信什么。相信这些危险的人就会去讨好，觉得没危险的人就不会。

另一种是他不开心，就不喜欢我。如果他不开心了，他可能会不理我了，想离开我，不想跟我做朋友，想跟我分手，不想再照顾我了。

比如说，我想得到女神的喜欢，我就要去讨好。我也不会别的方式被喜欢，我只能通过少点麻烦、多做事情、多买东西、多扮鬼脸。谈恋爱的时候怕被抛弃，还得做一遍这些。在被拒绝的时候会破碎但不敢表达、在有需要的时候不敢表达，都是怕对方因此觉得我事多矫情而不喜欢我了。

比如说我想得到升职，我就得去讨好领导。我去办个什么证件，我得讨好给我办证的人。我希望别人为我做个什么事，我得让办事的人感觉开心点。

这两种其实都是怕他人不开心带来的惩罚。

对方的不开心也不一定是你带来的，只要对方在不开心，就足以让人体验到危险。

如果你感觉到对面是能威胁到自己的人，潜意识就会让你进入讨好模式。如果你感觉到对面是没有威胁或威胁可控的人，你可能会进入指责模式。如果此刻你自身充满了能量，才能进入爱的模式。

这是人的一种本能，这种本能让我们在生活中有时会欺软怕硬。当你进入讨好模式的时候，你可以观察下自己：此刻，我体验到的威胁是什么呢？

4. 如何应对讨好

体验到危险，却让自己强硬，是一种危险的事。承受不了危险，却不去讨好危险源，那危及的就是自己。所以不要盲目羡慕别人的自信、不讨好、有自我、有主见、爱坚持。

鸟和猪都在坐飞机，鸟可以骂飞行员，但猪不能骂。猪不需要羡慕鸟可以随心所欲，更不需要责怪自己的弱，本来那就不是一个有利于自己的情境。换一个情境，猪就不用再讨好，而鸟就需要了。

矫正自己的讨好，实际上就是在找到危险源后，发展出新的应对危险的策略，这样你就不用使用讨好这一个方法来应对了。

方法1：检验危险的真实性。

有的人内在有强烈的被害妄想，有一种"总有刁民想害朕"的想象。好像别人是个小气、计较、反复无常、情绪化、没有职业道德的人。或者对方是个不需要自己，看不起自己，随时有能力离开自己的人一样。

这些想象更多的是基于小时候的经验，而非所有人的模板。

你的潜意识会放大别人不开心带来的不良影响。这是从你原生家庭带来的，你的爸爸或妈妈不开心、失望的时候，你就会遭殃，就会被惩罚。他们就是情绪化、小气、计较的人。他们擅长从你这里剥夺能量来滋养他们自己，你就习惯了贡献自己的能量来换取自己的安全。

这时候你会形成条件反射，每当遇到别人不开心、失望的时候，你就会本能性地产生恐惧。现在你要知道，其实早年的父母之所以对你这么剥削，是因为他们自身能量不足，是因为他们在社会里有大量的讨好，他们在讨好亲戚邻居，在讨好权贵领导，他们活得小心翼翼，他们消耗了大量的能量，所以才在更安全的你这里做补充了。

惩罚你，不是因为他们强大，而是他们的弱小。他们的无能带来的影响，转移到了你这里。

方法2：增加应对危险的能力。

也许你一个人应对不了危险，但你可以选择逃跑或求助，你可以离开这个人，或者求助更厉害的警察、监督机构、父母、伴侣等人的帮助。

如果你害怕对方离开你，你还可以发展大量的其他关系做补充，不让自己执着在某段关系里。

其实你有很多办法可以保护自己了，除了讨好。重要的是，你需要睁开眼看看，你长大了，安全了。别人会为自己的不开心负责。你不再是那个一定需要别人喜欢才能活下来的小孩，更不再是动不动就要被惩罚的小孩了。

这么在意别人的看法，你一定很累吧

1. 控制很累

首先，在意别人的看法是件好事。别听"鸡汤学家"们说不要在意别人的看法，一个人活在这个世界上，可能不在意别人怎么看吗？在意别人看法的初衷，就是要留个好形象，让别人能喜欢自己，以获得更多的爱。人是社会动物，需要群体，需要别人的爱，才能更好活下去。如果一个人完全不在意别人的看法，那真是很危险的一件事情。

只不过太在意别人看法的时候，你就会执着地搜集别人对你的看法。比如说，反复咀嚼别人发的朋友圈，打听别人背后对你的言论，辨别别人对你的评价，思考别人眼里的你的形象，受不了别人说你不好。整理这么庞大的信息，你就会消耗过多精神，过得很累。

在意别人的看法，实际上就是不允许别人说你不好。换一种说法就是：你希望自己接触到的所有人都觉得你好。

首先这是一种控制。每当有人说你不好，你就要想办法矫正他的想法。那种感觉就像是你要征服天下人，只要还有一个人觉得你不好，你就不甘心，就要想办法征服他，直到他对你的看法变成正向的。

以前我会觉得拿破仑很了不起，因为他想征服天下人。学了心理学后，我觉得那些特别在意别人看法的人更了不起。因为比征服天下人更牛的事情，是征服天下人的思想。

但是支撑这样一个自恋的人生梦想，你难道不觉得累吗？这听起来比愚公移山都难。

让周围的人只对你有正面评价，显然是一件几乎不可能实现的事情。众口尚且难调，何况对你的看法。无论你怎么做，做到什么程度，做了什么，总会有人觉得你好，有人觉得你不好。无论你怎样做，都会有20%的人喜欢你，60%的人觉得你做什么都无所谓，20%的人讨厌你，这就是"262法则"。

你努力一点，可能改变了这个人对你的看法，但那个人可能由此开始讨厌你，因为你变了。你优秀了，周围有人喜欢你了，可是你追求优秀的时候忽略身边人，被忽略的他们也许会讨厌你。因此让所有人都喜欢你，是个几乎不可实现的目标。

2. 你比我重要

在意别人的看法，实际上就是心里装着很多人。

在意别人的看法的时候，就是在害怕别人对自己不满意。你的内心认为别人比自己更重要。别人对你的看法，比你对自己的看法更重要。别人此刻的感受，比你的感受更重要。别人想要什么，比你想要什么更重要。别人觉得你好，才是真的好。别人觉得舒服，你才觉得踏实。如果别人没有觉得你好，你就没办法认可自己。在你的潜意识里，你的看法是什么、你感受到了什么、你想要什么不重要，重要的是别人怎么看、怎么感受、怎么想。

当别人对你有负面看法的时候，你表现出来的愤怒和指责也许让你看起来很强大，但实际上这是一种企图改变别人看法的表现，其背后的假设是：只有你觉得我好了，我才能好。所以，指责是一种外强中干的姿态。

当你的潜意识里觉得别人比你重要的时候，你就会把精力聚焦于别人身上。你做事情的首要出发点不是自己感觉怎样，而是别人会有怎样的感受和看法。你不是要先照顾好自己，而是照顾好别人，让别人感觉好受。这时你是忽视自己的。一个人越是在意别人的看法，就越是忽视自己。

可是世界上有这么多人，如果你在意别人的看法，今天遇到这个人，在乎他的看法，把他装在心里；明天遇到那个人，在乎他的看法，把他装在心里；后天遇到一个团体，把一个团体装在心里。你心里装的人越来越多、越来越重，你就越没有位置留给自己，越感觉不到自己重要。

在意别人的看法，不仅心里要装很多人，还把自己放在这些人的最末位，能不累吗？

3. 对关系的渴望

人们在做事时，并不是一无所求的。当一个人宁愿忍受累也要做某事的时候，说明他心里有想要得到的东西。在意别人看法的好处，就是得到自己想要的某种关系。

一个人在意别人的看法，实际上是在用自己的方式维持与他们的关系，因为他太渴望这段关系能够继续下去。

他们之所以那么渴望矫正一个人对自己的看法，是因为他们有个很根深蒂固的逻辑：别人只有觉得你好，才喜欢你；一旦觉得你不好，就会离开你。

你无法承受别人不喜欢你、离开你，所以你要用尽所有的力气，来矫正别人的认知，以保持你们之间的关系。即使实际上讨好、指责会让别人离开你，但是在做的那一刻，你的原始动机，是觉得这样做能维护关系。

可是维护两个人的关系，是两个人的责任，你却一个人扛了起来。

在你的认知里,如果你表现不好,对方就会随时离开你,丝毫不想去维护跟你的关系。在你的认知里,关系需要你一个人来维护。在你的认知里,对方只有两个选择:对你满意,留下来;对你不满意,离开你。

你从来不会觉得,对方也渴望维护跟你的关系,也害怕你对他有不好的评价,也在意你的看法,也怕你离开他,也会努力维护跟你的关系。你觉得自己一旦不维护,关系就完蛋了。你稍一破坏,稍一犯错,关系就彻底没了。自己一旦不好了,关系就没了。所以无论如何,你都不能让对方觉得你不好。

你一个人努力维护应该由两个人努力维护的关系,真的会很累。你不会知道,即使对方没有那么在意跟你的关系,对你的宽容度也会比你想得要高很多。你要相信:即使你有缺点,你依然还是被爱的。

关系要由关系双方维护,如此才是正常的人际关系。

4. 实际上是因为缺爱

一个人渴望很多关系,是因为他渴望很多爱。他想要通过每个人爱他一点点,来满足自己对爱的需求。因此一个人在意别人的看法,实际上是因为缺爱。

而被爱的体验，来自一段稳定的关系。稳定不是客观的稳定，只要你坚信这段关系稳定就够了。你看那些正在被爱的人，是不怎么在乎别人怎么看的。热恋中的情侣们可以在街头热吻，全然抛弃世界；"妈宝男"们可以无条件听妈妈的话，全然不顾别人怎么说。

不仅是对人，对事也是一样的。比如乔布斯，他深爱并坚信着自己的事业能成功，并且从中获得满足感，内心的爱满满的。

如果你有一个很爱你的人，跟他在一起很舒服，很放松，你感觉到被爱，感觉到自己在他面前很重要，你就会想花很多时间跟他在一起，你就会感觉拥有了整个世界。那么旁人的看法，你就没那么在意了。

如果你有一个很爱的人，你有爱的能力，在爱的过程中，获得了极大满足感，就满足了你爱他人的需求。很需要一个人不算，很需要一个人只会让你越来越不满足。

一个人之所以在意很多人的看法，是因为他没有一段稳定深入的关系。一个人需要某种稳定的关系和爱是一样的，当深度不够的时候，就只能用宽度来补偿了。没有一个深度的关系，就要有很多浅层的关系来补偿。

在意别人的看法，只是因为你没有很好地被爱，以至于你不得不去求得更多人的爱。

人之所以追求用很多浅层的关系来补偿，其实并非自己真的没人爱，而是自己不敢被爱，不敢投入一段深入的关系里，潜意识里会对深入的关系有很多恐惧。

这里求爱，那里求爱，却得不到一段真正的爱。这样只有一个人的旅途，会不会很累？

5. 你敢于被爱吗

真正的问题是：你敢于被爱吗？

在爱里，你可以发现自己是被接纳的，自己可以有不好，被说不好也没有关系的。在爱里，你可以感觉到放松，你也是被在意的，关系不需要你一个人维护，关系本身就自带稳定性。

相信你被一些人爱着时，另外一些人的看法就没那么重要了。

冷场时觉得尴尬，怎么办

1. 解决尬聊的两个办法

"尬聊"是个非常特别的词。它形象、生动、简洁、幽默地说清楚了跟不熟悉的人在一起聊天时遇到冷场后尴尬的心情，以及不得不聊下去的状态。

无论是一对一单聊，还是多人群聊，冷场都是不可避免的现象。当沉默发生时，有些人手指头抠来抠去，能抠出靠海的三居室别墅。

那么遇到冷场的时候，你会怎么办呢？是坦然地沉默，还是紧张地沉默？是没话憋红了脸强行找话说，还是不管不顾一个人嗨？

其实聊天是个非常有意义的事。聊天是人的本能，通过聊天，人可以获得大量的快乐和心理满足感。我觉得，聊天是一种最高级的运动。它可以舒畅心情，可以排解压力，可以收获温暖，尽兴时手舞足蹈，可以运动大片肌肉。然而这么高级的运动，却经常被一些人荒废了，形成了独有的聊天空隙，进入了尴尬的沉默,还强迫自己运动:"尬聊"。

意识层面上,我们认为冷场尴尬是因为没有共同话题,所以拼命想找话题。技术层面上,解决"尬聊"也很简单,四个小方法,可以让你轻松摆脱尴尬:

① 聊自己。
② 聊对方。
③ 聊无关的人和事。
④ 不聊了,坦然地沉默。

聊自己,就是敢于主动去敞开自己:聊我是谁,我的故事,我的曾经,我的见闻,我的家庭,我的兴趣,我的特长,我今天遇到的事,昨天遇到的事,明天将要遇到的事,都可以。诉说是一种人的本能,人都有渴望被了解的愿望,展示自己的愿望。通过聊自己,你就可以找到很多话题,而且过程会很愉悦。并且,当你主动敞开聊自己,你就会变得更加外向开朗。

聊对方,就是敢于主动关心对方:你是谁,你怎么了,你的故事,你的想法,你的家人,你的曾经,你的见闻,你的全部,我想去了解你,想去关心。好奇别人也是人的一个本能,人都有通过去了解未知的人和事物来扩充自己的认知、与人实现交际的愿望。并且,当你敢于主动关心别人,你就会变得更加有亲和力。

聊无关的人和事，就是谈论明星、新闻、八卦、娱乐、观点、知识、身边的人和事，这是一个交换信息的过程。交换信息也是人的本能需要，通过他人的视角，我们能了解更多想了解的。

即使这些都不想聊，那也可以坦然沉默。只要你不尴尬，尴尬的就是别人。

2. 解决心理负担

技术上解决"尬聊"看起来是很简单的，只要去说话就可以了。可是你又发现，无论聊自己、聊对方还是沉默，实际操作都有些困难。

前面说过，意识层面上，人们会以为尬聊是因为没有共同话题，其实让人感觉尴尬的根本不是没有话说，而是有很多话却不知道该说哪句。尴尬的时候，人的脑子里过了成千上万句话，太多的思绪挤在一起，淤堵了。

而在潜意识层面上，尬聊则是因为两个巨大的心理障碍：

① 认为自己是不值得被感兴趣的。
② 认为自己是一个容易招人烦的人。

"如果我主动跟他讲我自己，如果我跟他讲无关的人和事，他会不会没有兴趣听，会不会觉得我这个人叽叽歪歪，很不识趣，会不会觉得我太自恋、显摆，会不会不合时宜。

如果我主动问他，他会不会觉得我很侵犯他的边界，会不会觉得我在打探别人的隐私，很八卦啊。"

总之这些心理活动都在说："我是不被感兴趣的""我是招人烦的""我是多余的"。

当你在内心深处认定他人对你没兴趣甚至有鄙视、嫌弃、冷漠、不耐烦等情绪的时候，你就不敢随便讲、随便问了。毕竟这时候说了不合适的话，会导致对你来说更糟糕的后果：别人不开心了，别人对你有意见了，自己的形象毁了，别人因此不喜欢你了。所以当不知道说出哪句话最合适的时候，你会认为沉默就是最安全的方式。

但是不说话，你又不能坦然地面对沉默。因为你又会思索："这样沉默是不是显得我太内向了？是不是显得我太不主动了？是不是显得我太冷漠了？是不是显得我太无趣了？这样子也会被讨厌吧……"所以你又不敢不说话。

说，可能会被讨厌；不说，可能也会被讨厌。你找不到确定不被讨厌的方式，所以你就紧张了。

但是，你不知道，别人可能是享受这场聊天的。

首先，很多人其实都会很享受被询问，因为这意味着被关注。也会喜欢听你讲自己，这意味着新鲜的故事经验。

其次，别人真不想回答你或不想听你说的时候，他是有能力拒绝的。你过度替他考虑，其实是把他想得过于脆弱了。

最后，若是他既不喜欢被你问，也不想听你说，又没能力拒绝你时，他也会自己负责。

3. 让我们尴尬的到底是什么

不是所有时候的不说话，都会让人尴尬的。比如说，大家一起挤公交，一起上自习时，不说话的时候很多，为什么就没那么尴尬呢？

其实让你尴尬的并不是冷场，而是你的这三个信念：

① 我不能让场子冷下去。
② 我必须要做找话说的那一个。
③ 我必须要找到最合适的话来说。

这三个信念只要你有了1个，在那一刻就像是一座不可攀登的高峰一样。越是要实现，挫败感就越强。挫败感越强，自己越是排斥，就越是觉得尴尬。

为什么你不能允许冷场？因为你在冷场时不舒服，你会习惯性地认为别人在冷场里也会不舒服。为了让他舒服点，你必须要做找话题的那一个。

冷场的时候，你就会觉得别人都在看着你，在期待着你说点什么。如果你不这样做，好像就对不起别人了，好像就让别人失望了。为了让别人不失望，你必须要说点什么。

可是说点什么，你又怕说得不合适，问得不恰当，让别人不舒服了。总之，你会发现：不敢说、不敢问、不敢沉默，都是因为——我怕让你不舒服，想照顾下你的感受。

但无论说与不说，都是你自编自导的一场如何照顾别人的内心戏。怕冷场、尴尬，只不过是你伪装过后的一场令你疲惫的讨好。

因此，你不能在冷场中坦然沉默，实际上就是在想："我要为冷场负全责，冷场全部是我的责任。我必须通过我的努力改变这个局面。因为冷场了你就会不舒服，而我对你的不舒服负有全部的责任。"

可是，别人需要你照顾吗？到底是谁需要你照顾呢？

4. 是什么让你必须照顾别人

你为什么那么想在聊天中照顾别人呢？大概有三个原因。

① 你需要被照顾，你渴望别人主动，所以你把需求投射到别人身上，认为别人跟你一样脆弱。你希望通过照顾他，来达到照顾那个脆弱自己的目的。可是你又做不到照顾好他，于是你就难受了。

② 在你的童年，有一个重要他人很需要你照顾。你总是委屈自己、忽视自己来让他感觉舒服，所以你形成了"别人

不舒服，我就得照顾他"的信念。然而，长大后你就会发现，别人是不需要你照顾的。你跟别人是平等的。

③ 在你之前的经验里，没有人对你感兴趣。从小到大都这样，以至于你也相信了别人对你不感兴趣。可是你需要与人链接，这就意味着别人对你无所求，而你有所求。这样，你就需要主动跟别人链接。这种情况本身就让人难受。

回到现实，客观来说：假如冷场真的不好，那这个结果也不需要你负全责。你最多有50分责任，另外那50分，你要还给别人。你既不是讲师，也不是主持人，你为什么要对"场冷"还是"场热"负全责？

如果别人真的会因为冷场不舒服，你也不需要为别人的感受负全责。别人是成年人，他会对自己的情绪负全责。

但是你自己的情绪，你就要负全责了。因此冷场的时候，你的任务，就是让自己感觉舒服点。尽管你们都需要感觉舒服，但是每个人只能先为自己的情绪负责。

因此，不用怕别人不舒服，如果你想讲自己，那就坦然讲自己好了。当你讲自己的时候，你或许会发现，别人也没有你想得那么冷漠，也会对你产生兴趣。

如果你想了解别人，想八卦，那就去好了。你要相信别人有承受能力，如果他不喜欢你问，他会拒绝的。即使他没有能力拒绝，那他也会为自己负责的。

如果你不想说话，离开或者沉默，都是可以的。

5. 别想那么多

"不管别人，那不就是自私吗？"更深层次上你的潜意识里可能有这样的信念：让一个人不舒服了，就会失去他；让别人不开心了，他就会惩罚我。

这或许是源于你小时候的经历，比如你曾让某人不舒服，这个人就会摆出一副要抛弃你或者惩罚你的姿态，以至于你长大后觉得只有让别人舒服，你才是安全的，别人才会喜欢你。

你需要别人，你怕被惩罚，想跟别人建立关系，所以拼命制造话题。可是，通过讨好才能建立，不讨好就会失去的关系，你真的想要吗？拥有这样一段关系，对你来说，有那么重要吗？让你委屈自己也在所不惜？

你要知道，让别人不舒服一下，并没有什么不可接受的后果。

你可以适当去照顾别人，但不需要这么小心翼翼、战战兢兢、紧张兮兮地照顾。想分享就分享，想八卦就八卦，想沉默就沉默。

别想太多，别怕得罪别人，就不用"尬聊"了。

为什么有的人喜欢否认和辩解

1. 妈妈的防御

我是一个心理咨询师,同时也是个病人。

有次,我和我的治疗师谈到了我内心的一些懦弱和恐惧,就想起了小时候的很多事。我小时候体弱多病,经常被其他同学霸凌,那时候我不敢还手,只有被欺负的份儿。我带着伤回到家后,我妈妈会再次指责我:"你怎么这么笨,这么老实,这么没用,这么无能。你为什么不打回去?"

想起来那时候真心酸,我在外面被欺负,回家又被妈妈批评。后来我尝试着跟妈妈聊聊小时候,聊聊她当时为什么要对我那么暴躁。我妈听完后轻描淡写地说了一句:"那些事都过去了,都没什么大事,你别太往心里去。"听完这句话,我觉得很委屈:"你对我造成了这么大伤害,竟然还想要轻描淡写地带过这件事?你一点都不重视我吗?"

后来治疗师跟我谈到了我妈的防御。治疗师问我:"假如她不描述得轻一点,承认了当年的确对你有很大的伤害,她会有什么感受？"

我说："她会很内疚，很自责吧。她很爱我，不能接受自己带给我那么大的伤害。不能接受自己居然不是个好妈妈。"

说完后，我理解了我妈妈。她必须要把这些事情说成小事；必须要解释她不是故意的。这些，其实是她说给自己听的，因为她太内疚了，所以她要防御。她说"别往心里去"，就是通过幻想这些事情没有给我造成很大的伤害，来减轻自己的内疚。

看见是一种爱。但如果爱的代价是承认自己是个不够好的人，有的人就会选择不去看。对我妈妈来说，她无法接受自己不是个好妈妈的形象，所以她选择防御。

我跟另一位朋友谈了我的创伤经历。我朋友说，她妈妈更过分，直接否定掉曾经对她的伤害。她觉得小时候妈妈给了她大量的否定，但对此她妈妈的反应是："没有的事，我们根本没有否定过你！我们只是教育你该怎么做，这是父母应尽的责任！"

我跟她聊完后，她也明白妈妈不能承认自己错了，妈妈怎么能承认自己是个不好的、做错事的妈妈呢？于是妈妈只能通过各种手段来证明自己没有错，以此避免认错带来的难受。正因为潜意识里感受到自己可能错了，她才需要在错误被证明之前否认掉。

妈妈通过不看、不承认孩子的创伤，来确认自己其实还是个好妈妈。

2. 我的防御

我曾经因为暴躁伤害过一个朋友，对此我非常内疚。内疚到我放下自尊去跟他道歉。但我道歉的方式夹杂着这种感觉："这不是个大事，你干吗要这么计较呢？干吗要这么往心里去呢？我都说了对不起了，这事还不可以过去吗？"结果他更加生气，于是这个事一直夹在我们中间，成了一道过不去的坎，严重影响了我俩的关系。他说："你对我造成了伤害。你还要否认这种伤害，装作看不到我受的伤。"

现在想起来，我的道歉里面有很多的防御。

我尝试把这件事说成是小事，劝他不要计较，并以此来告诉他："你不应该有这么强的受伤感。"他的感觉是对的，我的确在缩小、不想承认、忽视他感受到的伤害程度。

可是对我来说，如果承认了这个朋友受到的伤害很深，我就会很内疚自责，觉得自己是个特别糟糕的朋友。为了避免让自己体验这种内疚自责感，我本能地想把这事说成是件小事来避免自己陷入自责。我怕我真的是个不好的人了。

我也成了跟我妈妈一样的人，做了妈妈正在做、当年也一直在做的事。在我的潜意识里,我是不是个够好的朋友的形象,比他的感受更重要。

人与人之间相互伤害很糟糕,比伤害更糟糕的是否认伤害。越是不承认对别人的伤害,彼此的矛盾就越大。

A说"你伤害了我",或者说"我很受伤",B就会辩解、否认、教育对方,会表达"没有的事""不是那样的""是你太玻璃心""你能不能别这么作",死活不能承认对方受伤了。

于是两个人开始了就"A是否受伤"展开了辩论。其实这种讨论没有意义,受伤是一种感觉,不会因为不应该产生而消失。

只是A需要明白:你的受伤里,是否含有对对方的否定和指责。因为一旦包含,就在说B不好。人一旦被说不好,更在意的就是自己而非他人了。

B需要明白:A受伤的感受是真实的,即使是你造成的,这也不代表你是个不好的人。你只是个不完美的人,并不是不好的人。

3. 为什么好人形象这么重要

辩解的本质是防御,防止自己成为一个对方眼里的坏人。

我好不好，有那么重要吗？答案是：非常重要。

所以我为了证明自己好，宁愿再次伤害彼此之间的感情，宁愿忽视别人的感受，宁愿陷入争吵。因为在我的潜意识里，有个非常隐秘的信念：不好就不该存在。如果我是个不好的人，我就不会被任何人喜欢，我就会被所有人抛弃，我就不应该存在这个世界上。

表面上看我好不好只是一个形象问题，本质上这却是一个生存问题。当一个人感受到生存危机的时候，他拿什么来爱呢？

一个人只有先活着，才能爱啊。因此，如果你想让别人看见你的受伤，首先你要传递一种信息："这不是你的错，你还是好的。我只是想跟你分享下我的感受，而不是谈论你是个怎样的人。如果你感觉到了被我否定，那我首先澄清下，即使你做了伤害我的事，你在我眼里依然是一个好的存在，是个值得被爱的存在。"

有的人觉得："这太委屈自己了吧。你伤害了我，我还要一笑而过？"

因为你有需要，你渴望对方能看到你的感受，并安抚你的感受。你当然要先保证他的生存，他才有多余的空间来看见你。

反之，当别人对你的评价进行否认和辩解，你也可以看到积极的一面：他不想在你眼里是个坏人，他想积极维护自己的形象。虽然他维护的方式不怎么高明，但他想继续得到你的喜欢，他在乎你怎么看他，在乎你们的关系。

反之，当一个人不在乎你的时候，就不在乎你怎么看他了。你任何评价，他都不屑于反应，因为与他无关。

哪有那么多三观不合,吵架常是思维问题

1. 相爱的人为什么要吵架

吵架多以争对错开始。一开始只是想讲讲道理,指出对方的错误、不妥之处,讲着讲着就吵起来了。证明对方是错的越来越需要力气,吵架的级别也就越来越高。

引起吵架的事并不一定很大,可能只是几点回家几点出门,可能是意识到自己错了不能承认,所以一定要找出对方错的地方。反反复复,都是旧架新吵。

家庭中,夫妻、父子、母子复杂的关系里争相上演花式争执。社会上,错综复杂的关系导致的争吵就更多了。

在吵架里,每个人都觉得自己是对的,对方是错的。可究竟谁是对的呢?清官不知道,心理学家就更不知道了。

但我们可以去思考,为什么明明相爱的人,却要以吵相报呢?

2. 问题的多种思考方式

前几天,一个姑娘跑过来问了我一个问题。这个问题点醒了我,完美诠释了为什么会有那么多家庭矛盾,为什么总有人为争个对错吵架,为什么那么多恋人因为"三观不合"而分开。

姑娘问我:"老师,请问女孩子活得独立是好事还是坏事?"这个问题让我有点蒙。作为不知名的心理专家,我该说好事呢,还是坏事呢?

我知道无论怎么回答,都会显得我太业余。这就像是电影里拆弹的时候纠结剪红线还是蓝线,其实剪哪根都没用。这个问题本身就是一个伪命题,它是一个一元思维的结果。

女孩子活得独立,是好事。优点太多了:新时代的彰显,不依靠别人,自由,洒脱,任性,尊严。活出自我,多么美好啊。

女孩子活得独立又不怎么好,缺点也不少:不依赖,就得自己扛。慢慢地人就会焦虑、无助、迷茫、孤独,像是迷失在黑夜里独自前行,虽是自由了,可这个自由,你能享受多久?不依赖也没有亲密关系,别人无法靠近你,即使你结了婚,也还是要在婚姻内孤独终老啊。

对错好坏,发生在不同的情境里,在不同人看来有不同的视角。有依赖的时候依赖,没依赖的时候独立,就很好。但有所依赖的时候不依赖，就有点浪费了。无所依赖的时候还不独立，就容易怨天尤人。所以女孩子活得独立，既可以是好事，也可以是坏事，这是二元思维。可这个回答依然是局限的，这个问题要在对事情的判断里作答了。

"女孩子活得独立"这件事，是个独立问题吗？女孩子在什么时候开始思考"活得独立是对是错"这个问题了？被人嫌弃了，还是遇到喜欢的人了？想谈恋爱了，还是自我怀疑找不到对象了？

她为什么发出了这样的疑问？当她这么问的时候，她其实真正想问的是什么？跳出问题本身，能够对背景、动机等周边内容进行思考，就是多元思维了。

3. 一元思维只允许有一个正确答案

要把事情分为对错好坏，而且只允许有这一个标准答案，是我们的一元思维。所有的吵架，尤其是家庭吵架，都基于这个一元思维而产生：房间应该打扫干净；作业应该今天做完；人应该早起；碗一定要洗，最好是今天洗；人不能被亲戚看笑话；灯泡坏了就要及时换……

在一元思维里，事情的标准只有一个，我的标准就是世间通用的标准，因此，事情往我期待的方向发展就是对的，否则就是错的。

事情只往这个方向走还不行，还得达到了我头脑中设置的这个标准，才是好的，才是应该的。房间整洁度只有达到了我的要求，才算干净。你只有达到我要求的工作量，才算勤劳，否则是懒惰。事情没达到这个标准，你就是错的，就是不好的，就是要改的，就该被惩罚。

两个都用一元思维思考的人，而且彼此标准还不一样，家庭"战争片直播版"就上演了。战争结果是：谁有力量，听谁的。

家庭就是这样，咱俩谁能吵过谁，谁能斗过谁，就听谁的。因为"对的"这个奖章，属于更有力量的那个。我们的潜意识认为：谁强谁有理。在一元思维里，只有我是对的和你要听我的。

4. 二元思维里，每一件事情都有好坏面

能够成长的人会从两面看问题：既对，又错；既好，又坏。这就是二元思维，能从两个角度看待同一个问题。

不再偏执于对或者错，而是知道：凡事没有绝对，每一件事情都有好坏面。A 有好的一面，也有不好的一面。-A 有好的一面，也有不好的一面。

洗碗是好事，不洗也行。立即洗很好，攒几次再洗也不是什么可以上升到好或不好的大事。打扫房间是好事，不打扫

同样也不是什么大不了的事情。即使是太阳升起来了，不同的人也有不同的体验。怕冷的人可以用来取暖，怕热的人嫌它热量太大。

当我们进入二元思维的时候，你就会感觉每个人在他自己的视角，他的观点里都是对的。认为是对的，所以会坚持。

这个世界上也不是你对我错、我对你错的逻辑，而是都对，你是对的，我也是对的。当有两个人都对，并且能切换视角的时候，你会发现原来争吵的问题，就可以带着理解和认同来解决了。

当一人的观点被认同的时候，他才有了静下来跟你沟通的可能性。

5. 运用多元思维

除了这些，还有多元思维。多元思维让我们跳出事件本身，从不同的角度看待事件。

当他指责你"碗怎么没洗"的时候，他在用一元思维思考。而如果你也用一元思维思考，觉得"我不想洗就不洗"，你们就吵起来了。

你用二元思维思考的时候，就能大方去承认事实："是啊，碗没洗。"你不觉得这是一个错，你就不因心虚、理亏而反驳。

你能认可他说的也是对的，就不会生他气，所以你们就有了沟通的可能性。

当你用多元思维思考的时候，你就发现除了洗碗的对与错，追究是否洗碗本身也是在表达其他的内容。比如说：

① 我今天不爽，挫败感特别强烈，就是想找个事发泄下。什么事呢？刚好洗碗这件事就出现了。

② 最近受了很多委屈，孤独而苦闷，就是想被人哄。你又不主动来哄我，我又不愿求你哄，甚至我没有意识到自己需要被哄，只好找个事摆个高姿态了。

③ 明天我有朋友要来，万一他们看到我们家碗没洗怎么办，多丢人。好焦虑，你为什么不替我分担？

④ 你到底还爱不爱我？到底有没有责任心？到底在不在乎这个家？你倒是洗个碗证明下啊。

在多元思维里，事情不仅有一种视角，更有象征、动机、原因、情绪、背景等其他视角。看起来为这件事吵，其实是为别的事。我在乎的是其他的说不出来的、意识不到的内容，这件事只是个出口，是这次吵架的表象。

所以在多元思维里，人们除了关注事情本身，更关注事情的周边。当你能够用多元思维思考问题的时候，你将变成一个思想深邃、心胸宽广、思维独特的人，人格魅力也随之上升几个档次。

如何运用多元思维？

① 去思考对方为什么要跟你争论这件事情的对错。他发生了什么？可否去关心他？

② 去思考自己为什么要去指出对方哪里做错，我发生了什么？我可否一致性表达下？

6. 结论

每当你想去争对错，或者指责、自责，不如去思考：此刻，你的思维在哪个维度里？是否有可能改变自己的思维方式？打开你的脑袋，它不会开花，它只会让你的世界更宽广。

如何一句话回击指责

1. 为什么要有回击的能力

被指责、否定、批评、评判，是一件让人很不爽的事情。很多"鸡汤学家"在教人"修行"，教人如何习得不愤怒。我认为这是一件非常好的事情，这是大智慧。可是我又认为，中间差了一步。作为凡夫俗子的我们，遭遇指责的第一反应多数是愤怒。虽然很多人不一定是第一时间回击，但是会愤怒。

如何让一个人在被指责的时候不愤怒，首先，要让他有足够的能力回击，然后他才能有选择的余地。如果他没有回击的能力，即使他"不愤怒"，还是会激发很多自我安慰和酸葡萄效应：我不回击，是因为我有教养，不是我没能力。

所以我觉得，要培养被指责还不愤怒的能力前，要先培养回击的能力作为自己的底气。

你风轻云淡说一句话，就可以把对方气得哑口无言。

当你知道怎么回击对方，你才能知道如何真正地理解和安慰对方，才能知道如何用一句话跟对方建立关系。

就像武侠小说中解毒的高手，首先得是个下毒的高手；厉害的工程师，大都曾经是个"破坏大王"；厉害的外科医生，首先得非常熟悉人体构造。

2. 你的愤怒来自哪儿

要研究如何一句话回击，首先要知道，当别人指责、否定、批评你的时候，你会愤怒，是因为你潜意识里认同了他说的。

比如说，一个人说你胖，你会不会生气取决于你是否真的认为自己胖。如果是，你就会生气。如果不是，你只会一笑而过。一个人指责你懒惰、自私、不守信、自我中心，你不想承认自己是这样的，你会生气。如果你不是如他所说，你就不会那么激动。

如果你不同意，别人的否定和指责，只是跟你不一样的看法而已。

即使你同意对方说的是事实，也是你先攻击了自己，才会被他攻击到。比如说一个人说你胖，如果你认为胖是好的，你就会开心。如果你认为胖是不好的，你才会生气。

比如有人说："你怎么30岁了还没结婚""你都30岁了还在北京漂着"，有的人听到了就会生气。生气的人认为别人攻击了自己,认为30岁没结婚是不好的,在北京漂着不回家是不对的。如果你坚定地认为这是热爱自由、追求梦想的表现,如果你享受这个状态,你只会一笑而过。你生气,是因为你也觉得自己这样不好。

如果你对说懒惰、自私、不守信这样的批评起反应,是因为你也认为"自私是不好的""人应该守信",你跟指责你的人有一样的规条,你也不喜欢自私的自己,不喜欢不守信的自己。所有被指责后的受伤,都是因为自己先指责了自己。自己先觉得这样不好,才不想让别人说。

要实现不被指责伤害,首先你要明白2个事:

他说得对吗?你同意吗?

即使是对的,这真的不好吗?

当你不认同这个指责,不因此攻击自己,你就不会掉入反弹的旋涡里。

3. 招式一:你说得对

你知道自己生气的原因后,回击就变得轻而易举了。

① 不认同

你有你的观点,我有我的观点。你认为我胖,我认为我瘦。

你认为我是个自私的人,我认为我只是对你自私。你认为我不守信用,我认为自己只有这一次因为某种原因没守信用,但我是个守信用的人,我只是没有做到对所有的事都守信用。你认为我懒惰,我认为自己是勤快的,只是没有达到你对勤快的标准而已。

你表达你的,我相信我的。大家只是观点不同而已。当你能区分出别人的观点和自己的观点,愤怒就会消失了。因为不认同,否定就进不来。别人的话就被你坚定的内心挡在了外面:他只是说了一句我不同意的话而已。

② 不期待

我能够自我认同,所以我不必期待你对我的认同。喜欢我的人很多,认可我的人也很多,我不必期待所有人都觉得我好,我也不必期待你觉得我好。

此刻,我放下"一定要你来认可我"的需求。

③ 不自我攻击

我即使有时候自私、不守信用、花心也没有关系,每个人都有这一面,但这不是全部的我。

一件事不能代表一个人,也没有人绝对好或绝对坏。人有正面有反面,是一个正常的现象。而且你觉得这是个缺点,我自己不觉得,我觉得这不是缺点,甚至是优点。

当你能接纳、不攻击自己的时候，别人的攻击就无效了。即使他说得是真的，他也只是描述了一个事实而已。

基于以上三点，你就可以一句话回击了：

"是啊，我就是这样的人啊。

"是啊，我就是很胖啊。

"……你说得很对啊。"

指责你的人会感觉自己一拳打在棉花上。

太极拳和泰拳是两种套路，它们都很厉害。

泰拳的套路是快、准、狠，它打倒对方的方式是正面回应，依靠自己强大的力量，给对方以迎头痛击。这就要求你的体格是足够强大的，如果不是，你也会跟着疼一下。

而太极则是顺着对方的力道使劲，你往这边打，我就拉着你继续往这边走，然后你就被自己的力气推倒了。

语言的战斗，跟肢体的战斗是一样的。你攻击我，我就像打太极一样，顺着你的话说，让你的攻击落空。

第一回合我就承认了，你后面准备的那一箩筐想指责我的话，就憋在你自己那儿，出不来了。

4. 招式二：假夸对方

如果你想进一步地升级回击技能，在顺势接过他的话后，你就趁他没缓过来的时候主动出击了。

现在我们尝试跳出自己的受伤，思考对方为什么要指责你。他指责你，只是因为他觉得你差吗？并不是，还有一个很重要的原因是：他潜意识里希望你能夸他。

一个人之所以会指责你，攻击你，否定你，是因为他潜意识里有很多自我否定他无法消化，所以要转嫁给你，通过攻击你，来感觉他自己是很好的。他不喜欢没钱的自己，所以才说"有钱有什么了不起"来自我安慰。当你把这部分还回去的时候，他是很难承接住的。这种心虚，比愤怒还让人难受。

你识破了他的潜意识中的目的，你就可以反着来了：他希望你夸他，但你就是不夸他。

否定一个人的境界，不是直接说对方差，而是阳谋：我在说你好，但我不是在真心说你好，你也知道我不是真心的，但你就是拿我没办法。这种境界就是调侃、讽刺、冷嘲热讽。

一句回击对方的第二式就是：假夸对方。

"自私是不对的。""那你一定很无私吧，嗯，了不起。"

"懒惰是不对的。""那你一定很勤快吧，嗯，了不起。"

"有钱有什么了不起的。""那你一定很没钱吧,嗯,了不起。"

"30岁了不结婚是不好的。""那你一定30岁前就结婚了吧,嗯,了不起。"

……

你会发现这种攻击,对方很难反驳。因为他对于你捧他的评价,是心虚的。他也做不到绝对无私,做不到很有钱,做不到绝对守信,做不到绝对勤快。

5. 破后如何再立

回击很过瘾,但不利于维护关系。现在你要学会如何真诚地建立关系。其实当别人否定你的时候,恰好是你跟他建立很好连接的时候。那化解被指责后,如何建立关系呢:真诚地夸他。

在某些情况下,一个人之所以否定你,潜意识里只是想让你夸他。他没有一致性表达这个需求的能力,所以想要通过否定你,来表达自己的需求。你现在学了心理学,可以透过他不一致的表达,看到他后面真实的需求了。他指责你什么,或许实际上就是需要你夸他什么。

他指责你懒惰,可能就是想听你真心夸一句他真勤快。他说你 30 岁还不结婚，可能就是想听你说羡慕他早早就结婚了。他觉得自己比你正常。

他不一定能意识到自己这些需求，但是你发现按照这个方向去夸他，是最有效的，是他最受用的。因为这是他真正的需要，只不过他潜意识里可能对表达需要有羞耻感，所以不能承认。

你夸完后看到他掩饰不住的开心，你就会知道，他是真的需要。

拒绝别人的 5 种方式

拒绝是一门艺术。

如果你很擅长,那不用往下看了,你很厉害。如果你拒绝困难,就有必要思考下,你在拒绝的哪个层次里,怎样进一步提高自己的拒绝能力。

人活在这个世界上,总有人会对你有需求,或委婉,或可怜,或强硬。总有人无数次尝试突破你的界限,让你感觉到不舒服。不过提不提要求这是他们的事,而能不能拒绝则是你的事了。

别人的要求让你不舒服的时候,你最好的自我保护方式就是拒绝别人。面对别人的要求,有五种应对方式:

1. 最低也是最高境界:不拒绝

面对别人的要求,最低的境界是忍着不拒绝。你的感受告诉你你不喜欢对方的要求,你不喜欢这么做,你感到愤怒、压力、委屈或者焦虑,但你的嘴角却微弯,你说"没关系""好的",你在通过强迫自我来成全别人。我想你已经见过很多人很擅长这么做了。

忍着不拒绝,是身心不一的行为,也是对自己特别差的一种行为。人生最大的内耗就是身心不一,所以忍着不拒绝的人会活得特别累。这时候我们就说你没有拒绝能力,你可能患有"拒绝困难症"。

最高的境界则是成全。因为你内心爱着对方,所以你愿意成全对方。你看着对方的满足,你会由衷地开心。即使是牺牲自己成全别人,燃烧自己照亮别人,你也感觉心满意足。

成全也可以是因为爱自己。对方如果开出了让你无法拒绝的条件,你感觉答应对方的获益比拒绝大,你觉得不拒绝更有利于自己,那你就可以不拒绝了。

实际上从最低境界到最高境界很简单:你只要发现了自己要忍的原因,你就可以把不拒绝这事变被动为主动——是你为了某个目的,而选择了不拒绝。

也就是,你需要给自己一个不拒绝的理由,来安抚到自己。

2. 重视自己的付出和代价

拒绝困难是个伪命题。实际上这个世界上不存在拒绝困难的人,我们每个人都非常擅长拒绝。比如我问你:"当你读这本书的时候,给打赏100万元吧。""没有。""你没有?那就给1万吧。""不舍得。"

"没有""不舍得"就是你拒绝我的理由。所以你不是不能拒绝,而是你潜意识里写着一个限制你的信念:能做到的就不应该拒绝,代价小的事就不应该拒绝,能力范围内的就不应该拒绝。

比如说,妈妈要求你每周至少给她打一通电话。虽然你很烦不想做,但你难以拒绝。但妈妈逼你嫁给一个陌生人,你拒绝起来就容易多了。

比如说,老板让你加班,如果你下班后有追剧、约会、撸猫、健身等安排,你就难以拒绝;如果你晚上有特别紧急且重要的事,你就会果断拒绝。

区别就是:前者你的拒绝原因不是很重要,委屈自己也没什么大的代价。后者的理由则非常明显,不拒绝的话你损失惨重。

你是不会拒绝吗?不,你之所以感觉难以拒绝,是因为你有能力满足他人。当你知道自己满足他人自己付出的代价太大的时候,你会比谁都懂得拒绝。

代价再小,也是你在承担。只要答应对方的获益小于你要付出的代价,你就可以拒绝了。当你开始重视自己的付出,不再因小而忽视的时候，你就有能力拒绝了。因为，你的付出比他人更重要。

3. 找个理由委婉拒绝

当你客观上有能力满足对方，并且满足对方的代价完全在你能承受的范围内时，你拒绝的困难就会升级。你的感受告诉你不想满足他，可是你的理性又让你无法说出口。这时候你就可以找个理由，拒绝对方。

你的理由可以是坦诚的，告诉对方你不能满足他的真实原因。如果你有所顾虑，觉得真实的原因会伤害他，那你可以找个次要但听起来维护对方自尊的理由来拒绝。

理由不一定是说谎。而是你知道，那个不是真正的原因。

比如说对方约你吃饭。真实的理由是你不喜欢这个人，对他没有兴趣。但你说不出口，你就会借口说今天没空，明天没空，下周没空。

比如说健身教练叫你去上课，你不想去，你可以表达真实的原因：我讨厌运动。如果你说不出来，你就可以借口脚崴了。教练说："没事，可以练上肢。"你又借口卡丢了，教练说："没事，我记得你。"你可以把这辈子能撒的谎都对教练撒了。

一个朋友有次跟我说，他参加了相亲网站的活动，销售人员很亲切地拉着他聊了两个小时,邀请他赶紧办张正在打折的18888元的会员卡。他很烦,但硬是没走成。

当时我很好奇:"两小时哎,你很烦为什么不拒绝,还待那么久?"

朋友说,他拒绝了。他说工资低,没那么多钱。销售就说可以用信用卡,分期。他说不急着找对象,销售就晓以利弊地证明媳妇再不找就没了。他说回老家相亲也可以,销售就开始分析回老家相亲质量怎么不行。这样来来回回,撕扯了两个小时。这些理由显然只能维护彼此的自尊,但无法真正有效。他也可以试下用真正的理由拒绝:我看不上你们这些人和这套模式。

面对别人的需求,困难的不是拒绝,而是要艰难地搜索大脑,编造理由。这时候人的潜意识里,有另外一个限制信念:我拒绝你,就要有合适的理由。我没有合适的理由,就不能拒绝。合适的理由可以照顾你的自尊,或者照顾我的自尊,我必须要做些维护你或者我自尊的事。

所以当你难以拒绝的时候,其实是因为你自己觉得理亏而心虚,觉得不应该拒绝别人。

找理由拒绝别人是有局限的,费脑筋不说,只要是借口,就有被别人攻破的可能。出招,就会被拆招。直到你所有理由被攻破,你再也无法拒绝,你就又从了。因为你并不是客观上无法满足，而是主观上不想满足。

找理由拒绝别人又是有好处的，最大的好处就是回避了"我在拒绝你"的感觉。我不做，不是因为我不想，而是现实不允许。不是我拒绝你，是现实在拒绝你。

第二大好处就是这样我不仅不用满足你，还让你理解了我。我是有理由的，所以你要理解我，不要怪我。

这时候你给对方传递的信息就是：我其实是很想满足你的。你只要帮我把理由搞掉，我就跟你走了。

4. 不带理由地拒绝

拒绝别人这个事，理由越充分，拒绝越坦然。当理由是客观限制的时候，拒绝得最坦然。当找的理由连自己都觉得心虚的时候，拒绝起来最没底气。

可是拒绝，一定需要理由吗？

很多事情，你发现找不到合适的理由拒绝，甚至觉得不该拒绝，但你就是不爽，不想做。那怎么办呢？

先讲一个同学的故事吧。同学的婆婆和老公都强迫她不要养猫。婆婆家不让养猫的理由当然很多啦，猫毛乱飘、过敏、费钱等等，一个比一个真诚且有说服力。这个同学不开心又找不到反驳的理由，跟亲妈倾诉，亲妈来了句：难道你还要为了一只猫离婚吗？同学更无法反驳，他们说得的确有道理，所以她只能无奈地把猫送人了。

故事的结局之所以是这样的，就是因为同学说不出：是的，我不愿意放弃养猫，没有为什么。如果婆婆家坚持，她甚至可以说出妈妈的那句话：难道你们还要为了一只猫跟我离婚吗？

好朋友找你帮忙、熟人卖给你东西也是这样的。你自身觉得不应该拒绝，却也无法找到能站得住脚的理由拒绝。好像找不到理由却拒绝，自己就无情无义了。所以你就会一次次妥协，并安慰自己不是什么大事，做人就应该这样。

再比如你答应过人家，然后又想反悔。你就是不想做了，但是又找不到反悔的理由。找不到理由拒绝，自己就是个言而无信的人了，所以你就不得不去做了。

其实拒绝并不需要理由。你完全可以直说：我不想做，我不喜欢，我不愿意，我反悔了。如果非要理由，理由就是：我不愿意，没有为什么。

不带理由地拒绝，其实就是把拒绝的主体换成了"我"，而非"现实"了。这时候因为没有现实理由，所以就无法被攻克了。我不出招，所以你无法破招。

人之所以难以表达拒绝，是因为潜意识里有个信念：我的感受和意愿都是不重要的。

没有理由的拒绝是有代价的。代价就是几乎断送了对方理解你的可能。过于善良的人就会内疚，好似自己这样就是个冷漠无情、不近人情、不守信用、以自我为中心的坏人。好似这样会伤害到对方，自己是个施害者一样。

会内疚的人，是因为他的潜意识里有一个限制的信念：拒绝会伤害他人，而我不能给他人带来伤害。

可是，我拒绝，他就会受伤的话，那我要对他的感受负责吗？他对我有需求，那他就要接受被拒绝的可能，他要对自己的感受负责，而不是我。我的任务是先照顾好自己，对自己的感受负责。在我不愿意的时候，就要告诉你。

5. 反提要求

以前我以为能自由说"不"的人已经很厉害了。直到我遇到了另外一种人，我才知道还有比直接说"不"更高明的拒绝方式。

前几种拒绝都是在防御。拒绝的第五种方式是反客为主，向对方提要求，这时候对方的主要任务就不再是如何要求你，而是如何拒绝你了。

要知道你之所以想拒绝，是因为你的感受告诉你这不划算。如果你也索取点回报，让对方的要求变成一个对你划算的事，那你就不需要拒绝了。如果对方不能满足这些条件，他就需要拒绝你的要求，那他就在给你示范拒绝的方法了。

有朋友找我借钱，但我不想借。我不是缺这个钱，我是觉得钱放银行里还有点收益，借给这个朋友不仅没收益，还有风险。但既然我介意的是收益和风险，我就可以在他的要求里解决这两个问题，我反提了两个要求：我要高于银行 1.5 倍的利息；虽然熟人借钱，但我也需要签订合同。

还有一个朋友拒绝熟人卖保险给自己的时候，是这样说的："我很想买啊。只是最近在买房，还想找你借点钱周转下呢，你看……"他直接反转，把被要求花钱，变成了主动借钱，弄得卖保险的朋友不再说这个话题了。

这个方法的难点，是更深的潜意识限制信念：我是不能对别人有要求的。我是不能有过分的要求的。我是不重要的。

6. 灵活的拒绝

这五种拒绝的方法，没有哪种更高级。真正的高级是灵活。

有些情境，就是不适合拒绝。所以你需要委屈自己，换得一定的利益或安全感。

有些情境，你无法满足别人，你就可以真诚表达自己的困境，告知对方自己真实的意愿。虽不能满足，真心犹在。

有些情境，你就是需要找个借口委婉拒绝人家，好保全双方的面子，不至于尴尬，好让关系犹在。

有些情境，你就是可以任性做自己，简单说出"我不愿意"。但你得做好失去这段关系的心理准备，并且承受对方的受伤。

有些情境，需要用一点套路，消耗一点智商和情商，让拒绝变得体面。

面对不同的人，拒绝的方式都不一样，这就是灵活。你需要学习的，就是能够更加灵活地使用这些方法。

而让你的拒绝水平更高更灵活的内核，就是看到并破除你潜意识里这些限制性的信念。

下次，当你拒绝的时候，先看看你在哪个层次里。

在一起的我们都
应该舒展而享受

所有关系上的努力,不是
为了将一切变得完美,而
是将一切变得更好。

别人不是你想的那样

1. 内在关系模式决定关系的走向

我们如何开始一段关系，如何与人交往，其实都是你的内在关系模式决定的。

当你感觉很舒服的时候，关系是很容易处理好的。但当你开始感觉到不舒服，你的内在模式就开始启动了，你可能习惯在关系中讨好、害怕、照顾人、强势……这些都是你的模式。你的内在关系模式决定了你的关系走向更好还是更差。

你的内在关系模式是怎么来的呢？

它来自你对别人的假设，也就是你内心的"别人"是怎样的。你跟别人互动开始前，就已经开始了对他的假设，你是因为先有假设，后有行为的。然后你根据自己的假设决定害怕他还是相信他，是照顾他还是向他索取。你的假设可以无限接近于真实的对方，但永远不可能绝对吻合。

比如说，你假设一个人可能拒绝你，你就不敢提要求。但是你假设一个人会满足你，你就敢提要求。你假设了一个人会伤害你，你可能就会讨好或指责，你假设了一个人会保护你，你就敢于真正暴露脆弱了。

你对他人力量的假设有3种：强大的、弱小的、平等的。

你对他人态度的假设有3种：冷漠的、敌意的、安全的。

你假设了对方是强大且冷漠的，你就觉得他会拒绝你，所以你就不敢提要求。

你假设对方是强大且安全的，你就敢对他提要求了。

你假设了他是弱小但安全的，你就不会对他提要求。

你假设了他是强大且敌意的，你就会怕他伤害你而讨好他。

你假设了他是弱小但敌意的，你就会觉得自己有能力惩罚他而想指责他。

你假设了对方是冷漠的，你就没有靠近他的动力了，你不想自找没趣。

你怎么对别人，完全基于你的假设。

那你对别人的假设怎么来的呢？

你所有对别人的感觉，都来自你的经验。你假设别人会怎么对你，一方面基于你跟对方真实的长期互动，更多的来自你小时候被抚养人无数次这么对待。也就是说，长大后，你会错误地把别人都当成了和爸爸妈妈一样的人,并使用当年应对爸爸、妈妈的方法应对别人。为方便表述,我把爸爸、妈妈以及其他非常重要的抚养人都称为妈妈。

当然,小孩子眼里的妈妈也不是真实的,而是小孩子感受里的。这也就会出现一个人长大后跟妈妈谈论自己的过往,但会发现他们的记忆并不一致。很多妈妈觉得孩子对自己的控诉都是虚假的、夸大的。

面对不同的妈妈,小孩子就要学会不同的生存方式,生成不同的人际模板。

2. 强大且敌意的妈妈

当一个人对你有敌意,他就会批评你、指责你、嫌弃你、控制你、强迫你。如果你感觉到他是弱小无能的,你就仿佛看到一个小孩子在对你不满一样,你毫发无损。但如果你感觉到对方是强大又有力量的,你就会感觉到恐惧。

妈妈会对孩子有敌意,虽然妈妈不是故意有敌意,但有的妈妈的确会经常对孩子释放敌意。这样的妈妈看起来强大且危险,她会让你时刻都处在担心被她强迫和指责状态中,这种感觉就会被存储下来,在你长大后跟别人交往时发挥影响力,你会特别敏感别人的强迫和指责。

别人可能并没有这么做,但是你却能从中感受到强迫或否定。如果别人会有一点点的不满,你就会敏感地放大100倍。你受不了一点别人对你的可能的指责和嫌弃。这时候你会觉得非常受伤。

我们就有这样一个同学,我们不关注他时,他很活跃。但我们一关注他,他就开始紧张。探索发现,当他被关注的时候,他总觉得我们对他有期待,以为我们希望他能说出点精彩东西来。实际上就是因为他小时候,妈妈的关注总是带着要求的。他长大后就会觉得,别人的关注都带要求。

有的妈妈很强势,她的声音很大、脾气很暴躁、情绪不稳定、会打你,让你随时处在被恐吓的状态里,这种"别人很强大,我很弱小"的感觉就会被你储存下来,并且让你长大后会对权威有恐惧,害怕强势的人、说话大声的人、在吵架的人。即使这些人和你没有关系你也害怕。因为你潜意识里总感觉他们会惩罚你,对你有危险。你会自动把自己放在一个弱小的位置,把他人放在强大的位置。这时候你就会自动启动保护策略:强势,讨好或躲起来。

强势,只是为了掩盖虚弱的自己而做出的夸张呐喊,只是为了保护自己不被欺负而先展示力量,为了避免被攻击而先攻击。讨好,则是只有把这个强大的危险的人哄好了,照顾好了,你才会觉得安全。

3. 弱小且敌意的妈妈

妈妈这个角色相对孩子来说，应该是强大的。但很遗憾，有很多妈妈是弱小的。这个弱小的妈妈有很多自己完成不了的事情，比如照顾家人，做很多家务等。甚至她的身体也很弱，经常生病，照顾不好自己的健康。她的社会功能可能很弱，赚不到什么钱，没什么社会地位，生活就会处于一种贫苦的状态里，甚至有时候会被别人欺负。

当妈妈弱小，如果妈妈坦然接纳自己的弱小，她就是安全的妈妈。她会坦然承认自己的平凡，并尊重孩子的命运。无论孩子有没有变强大，她都是可以坦然接受的。

但一个妈妈不能接纳自己的弱小，她就是危险的。她会渴望通过要求孩子变得强大来照顾自己，来替自己分担很多自我功能。如果你有这样的妈妈，她就会要求你从小就要做强大的自己，做妈妈的"妈妈"，不然你就会感觉自己是个很糟糕的孩子，特别内疚。

强大且带着敌意的妈妈通过制造恐惧控制孩子，而弱小且敌意的妈妈，则通过内疚控制孩子。

在内疚中，你的潜意识里，就会形成"我是很强大的，别人都是很弱小的"印象。长大后，你跟别人交往，就会不自觉想去照顾别人，替别人考虑，替别人做事，替别人操心，仿佛别人没有能力照顾自己一样。而你就像大哥大姐，不需要人照顾，不需要人爱。即使有时候你很累了，很委屈了，你也还是会勉强自己做一些照顾别人的事。因为你的幻想里总觉得，如果你不去照顾，别人就会过得更加痛苦，这让你内疚。

可是你没有需求吗？你有。然而你不相信有人比你更强大，不相信有人能照顾你。即使有，你也不觉得自己值得被这么强大的人照顾。即使你被照顾，这种被照顾的感觉太陌生你也会想推开。

4. 冷漠的妈妈

冷漠与强大弱小无关。冷漠就是她用态度告诉你：你不重要。

她把工作、家务、自己的事情都放在第一位，而你永远被放在末位，甚至不重要到会被寄存到其他地方。即使她嘴巴上说爱你，给了你吃的喝的用的，生活上把你照顾得很好，但是她情感上就是不关注你，就是冷漠，她就是要陶醉在自己的世界里或沉迷于其他的世界。

每次你需要妈妈的时候，你能得到的大概是张冰冷冷的脸。甚至更多时候，你需要她的时候，她都不在。你的记忆中，很多都是你一个人长大，无人问津，空荡荡的房间，空荡荡的院子，空荡荡的世界，不知道什么时候有人回来，甚至不知道会不会有人问你。

那你的潜意识就会储存下"他人都是冷漠的，我是无所谓的"感觉。长大后，你跟别人来往的时候，你就会因此觉得别人不会把你放在重要的位置上，会随时离开你。无论他怎么向你表达爱，怎么重视你，你都会觉得他的本质是冷漠的。经常有同学为伴侣不在乎自己而愤怒，证据有：你玩游戏，就是不在乎我。你加班，就是不在乎我。你更照顾你的姐姐弟弟妈妈，就是不在乎我。你忘记了我们的约定，就是不在乎我。

你开始感叹：无人与我立黄昏，无人问我粥可温。你感到孤独又无奈。你幻想爱情，但又不相信爱情，你跟人之间总是隔着一点什么，像是玻璃房子，看得见，但很远，因为你总觉得这个世界是不在乎你的，他人是冷漠的，会抛弃你。

5. 强大的、安全的妈妈

妈妈是安全的，稳定的。当你有需要，她愿意满足你；当你有危险，她愿意保护你；当你难过时，她愿意安慰你。她还那么有力量，她的力量让你确信你在这个世界上拥有一个坚实的支撑。

那么你长大后，你也会觉得别人都是这样的。所以当你开始认识一个人的时候，你就会觉得他安全而强大，你自动化地预先相信他能满足你，你愿意让自己需要他，主动依赖他，寻求他的帮助。

一个人能深度信任别人，源于他早年生活中有值得被信任的人存在。如果你有一个跟你平等的安全的妈妈，她就像你的朋友一样，她跟你很聊得来，连接很深，态度很随和。你长大后自然就会觉得别人也是这样，因此，你就能很正常地跟别人打闹、聊天。

如果你有一个待你平等的、危险的妈妈，她就像你的兄弟姐妹一样，你们经常有冲突，但是有时候你赢，有时候她赢。你长大后，就会发现这个世界上有很多困难，有很多看你不爽的人，但是你并不怕。你愿意去克服，敢于去挑战。因为你妈妈就是一个可以被打败的人，所以你相信他人和困难都是可以被打败的。

6. 对他人的假设决定一个人的关系能力

一个人长大后在关系中的主动能力强，那他的假设里的他人一定是安全的。他相信别人是支持他、认可他、愿意满足他的，因为小时候妈妈就是这样的人。

一个人长大后在关系中被动,那他的假设里的他人一定是危险的、冷漠的。他觉得别人会拒绝他、嫌弃他、否定他,会认为他无所谓,因为小时候他的妈妈就是这样的人。

一个人的自信和勇敢基于他的相信,他相信自己是强大的,而问题和他人相对自己并不强大,他都可以克服,所以他就愿意去尝试。他之所以这么自信和勇敢,是因为小时候妈妈愿意听他的话,妈妈没有那么强大不可被征服,妈妈给了他很多成功的经验。

一个人自卑和怯弱基于他假设自己是弱小的,他假设自己是弱小的,他认为自己无法面对他人和困难,所以就不会去尝试。他之所以这么假设,就是因为他的经验里,妈妈从来不向他妥协,他对妈妈的征服有太多失败,以至于他觉得全世界所有的人和事都是如此难以征服。

一个人的紧张,基于他假设别人都是高要求的、严厉的、有敌意的。一个人的放松则来自他对别人是宽容的、友好的假设。

7. 内心的关系模式会重复

长大后,你假设别人对待你的模式,是你小时候被对待过的模式。如果你长大后没有经历其他大的创伤,那么这个模式就会重复。你可以去反思下，当你跟一个人开始交往或互动时，你对他的假设是什么：

你觉得他是强大的、弱小的，还是和你平等的？

你觉得你们两个谁更有力量？他是会像个坏权威一样，批评你、要求你、控制你、嫌弃你，还是处处都需要你的呵护、照顾、保护，像个孩子一样？

你觉得他是危险的、冷漠的还是安全的？

你觉得他会伤害你、保护你还是无所谓？

我们看到自己的假设，就可以顺着假设发现自己童年时是怎么被对待的。我们察觉自己童年被怎么对待，也就知道长大后会怎么假设别人。

你会意识到，别人并不是你想的那样。你需要意识到你的假设源自自己早年的经验，并不源自真正的别人。你要知道，别人和你的爸爸妈妈不一样。别人可能是严厉的，但没你想得那么凶猛；别人可能是无能的，但没你想得那么弱智；别人可能是冷漠的，但没你想得那么无情残忍。

那么，真实的别人是怎样的呢？当你放下自己的假设，认真去了解一个人，你才可能真正认识他，你也才能真正与他连接，与他产生感情。

因为爱一个人，首先要看到真实的他。

被爱是有风险的，你敢吗

1. 自我暴露才能被爱

爱无能的人通常在付出上有些困难。他们在感情里计较、胆怯，怕付出太多吃亏，因此很难照顾对方的感受，他们甚至不愿意通过表现出忠诚和专一来确定对方的身份。

一个人之所以有爱无能的体验，是因为他自身的爱就比较少。在他匮乏的心里，再挤出来多余的爱就格外困难。他缺乏爱，通常不是没有人爱他，而是他在接受爱的方面有些困难。他们一面非常渴望别人的爱，一面不敢敞开胸怀接受。

爱无能的人没有什么付出能力，无法给别人投注很浓的情感。其实爱无能的人更是被爱无能。

他们会感觉到自己不被爱，感觉到孤独，感觉到没有存在感，他们不敢接受别人的爱。

首先你要知道被爱的感觉是怎么来的。那种很深的、被爱的感觉是一种亲密感。而亲密感，只有他们暴露脆弱才能发生。

你有不行、不会的地方，别人就有了施展的机会。所以，很多时候学霸让人高山仰止，有道题不会做的人就得到了爱的机会；能换灯泡的姑娘让人敬佩，拧不开瓶盖的姑娘却获得了爱的机会。

你有消化不了的情绪，别人就有机会帮你消化；你有无法认可自己的部分，别人就有机会给你认可；你没有勇气再坚持，别人就有机会给你鼓励；你没有能力表达清楚自己，别人就有机会给你理解。

你有些地方不完美，需要别人帮你。别人为你做了，你就感觉到亲密了。

所以如果你什么都好，什么都会，什么都不缺，别人是没有机会爱你的。因为别人没有能融入你的机会。你总得有点地方不完美，才能让别人有机会在你面前展示自己。

因此，不完美不仅是可以被接纳的，更是应该被庆祝的。正是因为你不完美，才给别人留下融入你的空间或填补你的空白的机会。你要是完美了，别人就没有机会爱你了，或者没有合适的空间融入你了。

如果你感觉不到被爱，你要问问自己：你允许别人了解真实的你吗？你表达过你的悲伤、脆弱、无助、自卑吗？是自我暴露让你有了被别人接住脆弱的机会，让你有了被别人满足的机会。

自我暴露，你就有了被爱的可能。

2. 为什么你不敢暴露

暴露自我只是让你有了被满足的机会和可能。这与被满足还是有距离的。自我暴露是有风险的，除了可能被别人接住，更可能被别人伤害。

当你尝试跟别人暴露自己内心深处的伤疤、悲伤、自卑、脆弱、挣扎的时候，你就是把自己的内心交给了别人。这时候你是期待别人能小心呵护它，消化它，珍惜它。当你内心的脆弱被接住的时候，你就被爱了。可是如果这时候你的脆弱没被接住，你就受伤了。

别人伤害它的方式包括：没兴趣，不理解，打击，讽刺，否定。当你跟别人讲你的难过，别人不专心，打岔去干别的事，你就会更难过。以前我跟女朋友讲让我难过的一件事，然而她更热衷八卦，不停追问那个人是怎样的，那件事是怎样的，完全无视我的难过，让我不得不抑制住自己的难过，先满足她八卦的心。

经常有读者留言，他们交出自己的心，对伴侣讲自己的自卑和失败的时候，伴侣的答复是你要改啊，肯定是你的问题啊，你要优秀啊。此时他们就会默默收回自己的心，不愿再倾诉。

当你暴露自己的脆弱、自卑和悲伤,对方却回以漠然和打击,跟你说一切都是你自己有问题,没有什么比这更让人受伤的了。比敌人更可怕的,是猪一样的队友。

当悲伤经常不被理解,我们就会将悲伤封闭在自己的心里。虽然孤独,但是安全。不敢暴露,是因为太怕受伤了。

3. 不要以为被爱就是好的

当你暴露脆弱时,不要以为被接住了就一定是好事。如果有人愿意给你温暖、安慰你的悲伤、融化你的自卑、给你以面对世界的力量,这时候你被爱了,你敢敞开自己来接受吗?

一个姑娘曾经跟我说,她很怕那种暖心的男生,很怕自己被融化,感觉那样会失控。其实她怕的失控,就是依赖。

如果有人接住了你的脆弱,你也开始依赖他。他接住的越多,你就越是依赖。你将体验到一种极大的亲密,这可能是你不熟悉的,从小到大都没怎么经历过的亲密。所以你就会把自我功能过多地外包给他,好像他是你的全部。

但过分依赖是可怕的,它会让你把自我完成的目标转移到别人身上,让别人开始代替你去完成。

就像我因为过分依赖电脑和手机,都快要丧失写字、说话的能力了。手机和电脑的这部分功能比我的自我功能更强大,所以我会无意识地更加依赖它们。

不同的是，我不怕依赖电脑和手机，它们是可控的。人却是不可控的，别人随时都可以切断我的依赖，随时可以因为不开心离开。我重度依赖别人时，别人离开等于带走了我大部分的自我。所以失恋的人会痛不欲生，因为他的自我被抽走了。

怎样才能避免依赖后还被抛弃的痛呢？

很多人选择的办法，就是一开始就不依赖，不暴露。不暴露就不会给别人机会温暖你，不被温暖就不会产生依赖，不依赖就不会失去。

不是谁都能承受得住亲密的，亲密更需要勇气。比独立更难的，其实是依赖，不依赖虽然孤独，但是安全。

4. 适度暴露

人其实很矛盾，想要被爱可是又不敢暴露脆弱。因为脆弱暴露后对方接不住自己会受伤，对方接住了又怕自己产生过分依赖。

那怎么办呢？

当我们暴露脆弱，有些方面能被接住，有些不能；有些时候能被接住，有些时候不能；有些程度能接住，有些程度接不住。所以每个人都能接住你的部分脆弱，只不过方面、时间、程度不同。没人能接住你全部的脆弱，也没有人会全部无视你的脆弱。

那你选择对方能承受的内容、时间、程度去暴露，对方就能接住你的脆弱了。

这很难，需要你有一种极其重要的能力——现实检验力。

人们都处在关系里，我们不仅要考虑自己的需求，还要考虑对方的承受能力。现实检验能力，就是在多大程度上能清楚地看到此刻我的需求是什么，对方的承受力是多少。我们需要知道，对方能承受我多少暴露与依赖。

人的承受能力并不固定，它在不同时间、不同地点是不一样的。

想提高现实检验力，你就可以：

在他人能承受的范围内暴露，在不能承受的范围自我封闭，而不必完全不去暴露，也不必什么都暴露，然后因为没被接住去责怪对方不懂你。

在他人可依赖的时候依赖，不可依赖的时候独立，而不必完全选择独立，丝毫不敢去建立亲密关系，也不必完全依赖后责怪对方接不住你的依赖。

对方不能接住你全部的脆弱，不代表他不可靠；对方未来有离开的可能，不代表他此时不能依赖。能暴露的部分暴露，享受亲密；不能暴露的部分封闭，接受孤独。这就是健康的亲密关系：既有亲密，又有独立。

5. 提高心灵恢复力

现实检验能力只能让你更接近现实，不能完全吻合现实。你有时候没暴露对就是会受伤。你进入与对方的亲密关系，就会有心理受伤的可能，这不可避免。

你问一个运动员有没有受过伤，你得到 Yes 这个回答的概率几乎会是 100%。那他为什么还要做运动员呢？因为他热爱运动，也能承受受伤的可能，并且相信自己的身体恢复力。心灵也是这样。每个人的心灵也有恢复力，我们大部分人都能从难过中恢复过来。所以我们可以承受受伤。

一位运动员在运动前，一定要做好两点准备：

做好保护措施，尽量避免受伤。

做好心理准备，运动可能受伤。

进入一段关系也是这样的。现实检验，就是保护措施。你要确认此刻对方的承受范围，然后去暴露和依赖。只要暴露和依赖就有受伤的可能，一旦发生，就默默承受吧。

所以我们要提高自己的心灵恢复力。亲密关系的建立是需要冒险的，不要期待在一段关系里不会受伤。受伤与爱，是一段关系的必备元素。我们要做的是，在爱来的时候，享受；在受伤的时候，承受。

有次，我给女神发了个消息，她没有回复我。我有点难过，觉得不被在乎。我希望她能够回应，但我没有一直难过下去，也没有封闭自己。大学以前，我保护自己的方式就是绝不再主动发信息。那时的我太脆弱了，所以越来越内向。学了心理学后，我的处理方式变成：想得到的时候就主动，在未被满足的时候，勇敢承受这点不舒服。

想要被爱，放低姿态

1. 示弱更容易得到爱

我见过很多人用愤怒、指责、抱怨、哀求的方式来索求爱，他们的成功率低之又低。即使侥幸成功，他们的需求被满足，也常常是妥协的一种结果，并非发自内心。

但是用示弱、赞扬、撒娇的方式索爱，成功率则高很多，并且给予的人还很满足。在一段关系中，如果你想得到对方的爱，示弱是个很好的办法。虽然示弱不一定能得到爱，但是逞强更难得到。

因为爱只能由强者流向弱者。就像水一样，在自然状态下，只能由高处流向低处。

爱是一种给予，一种付出。那就只能由多的流向少的。一个人的爱很多，他就是强者。一个人的爱很匮乏，他就是弱者。

当你需要对方的爱，你就已经在一种需要者角色上了。你需要别人，还要让自己看起来很强大，那就可能什么都得不到。

你在追求爱的时候，无法放低姿态，爱就进不来。

你常说关系是平等的，但平等就是有时候我高姿态，有时候你高姿态，有时候我俩姿态平等。你从来没有低姿态过，怎么能算平等？平等就是有时候你需要我，有时候我需要你，有时候我们彼此不需要。

2. 指责是一种高姿态

指责是一种高姿态。虽然在指责的时候，你的内心极度虚弱、无助，但你要用防御机制来避免对方发现你的这种恐惧。你防御的方式，就是使用看起来强大的方式掩盖自己内心的脆弱。

你掩盖了自己的脆弱，在别人看来，你指责的时候，就是无比强大，让人害怕的。别人在被你吓坏了的时候，还有很多能量来爱你吗？他只会因为恐惧、压力而向你妥协或离开你，并且积累对你的恨。

除非别人强大到一定的境界，才能识破你的防御，看到你的脆弱。之后，他还需要确认"自己其实很强大"，才有余力去爱你。

在恋爱初期的双方比较容易做到。这时候的他们，为了得到对方的依恋，要塑造一个"我很强大"的假象。但这个过程必然难以持续，因为人只能暂时回避自己的需要，强迫自己变得强大，但不能做到永远假装强大。

3. 哀求和付出是一种高姿态

哀求和付出是一种高姿态。

当你苦苦哀求别人不要走，拼命讨好付出，姿态低到尘埃里，一副可怜的受害者样子，你呈现出来的姿态其实是高的，别人感知到的你依然是强大的。

因为"受害者"这三个字本身就是高姿态，具有攻击性。你把自己放到了一个道德制高点，仿佛在说："我都这么可怜了，你还不对我好，你不是人，你的良心被狗吃了。"

"付出者"这三个字也具有高姿态的攻击性："我都做了这么多了，还换不回你的真心，你就是不对的！"所以当你以受害者的姿态哀求时，别人感受到的是压力，是被威胁、被强迫。表面上你在放低姿态，但实际上并没有。这种哀求是一种虚弱的夸大，一种威胁的手段。

被哀求的人，无法给出他的爱。他的潜意识会觉得自己遇上了"吸血鬼"：爱了也白爱，给了也白给。因为受害者就像是一个无底洞，无论你做什么，他都觉得你不够爱他，而继续抱怨。哀求、付出里夹杂了抱怨，爱就流不进来。

4. 高姿态的标志就是攻击

高姿态的标志就是攻击。

如果你有了"你就是应该为我……""你就是欠我的""男人/女人就应该……"之类的想法，对方感知到的你就是强大的。

攻击，是潜意识防御别人发现自己脆弱的一种表现。一防御，就看起来强大了。攻击会把对方搞弱。把对方搞弱了，还要他来对你付出，是个非常不明智的行为。

当一个人把自己弄到了强大的攻击者位置上，别人就只会害怕他，离开他。

反之，低姿态的标志就是示弱，就是承认，承认我很需要你。你并不欠我的，你完全可以不满足我，但我好需要你，需要你保护我、呵护我、满足我。

男人或女人在对方面前示弱、撒娇的时候，他一定是先给予了对方极大的肯定：我是弱的，你是强的。

所以，你若看起来像个大人，他必成为小孩。你若看起来像个宝宝，他就会成为有爱的大人。

放低姿态的方法有两种：

①示弱。示弱是真诚展示自己的软弱，而不是假装。

②肯定对方。真诚表达出来，肯定对方的强大。

先把他放到强大的位置上，再向他索取，才是明智的选择。

5. 示弱很难

示弱对一些人是困难的。因为弱对他们来说，意味着低自尊、懦弱、无能。

当一个人把自己放到软弱的位置上时，别人有了至少两种对待他的可能：

① 保护他。
② 伤害他。

软弱有会被保护的可能，也只有软弱才能被保护。强者需要被保护吗？逞强也是看起来强啊，这种人需要被保护吗？

软弱也可能被伤害，自古就有"人善被人欺"的说法。你把心掏给另外一个人，他却给予你无情的讽刺，没有比这更打击人的了。

如果在你的经验中，被保护的时候较多，你的心理预期就是：我脆弱，就会被保护。所以当遇到痛苦的时候，你就能坦然展示自己的脆弱，寻求帮助。

如果在你的经验中，被伤害的时候较多，你的心理预期就是：我软弱，就会被欺负。所以当你陷入痛苦的时候，第一反应就是要用逞强防御伤害，保护自己。

你发飙逞强没错。你错的是，你发飙逞强时，还要人家把你当柔弱小宠物来爱。

6. 最柔软的最坚强

人的经验决定了他的第一反应，第一反应又决定了他要使用什么样的姿态。

如果一个人有良好的经验，眼前人的伤害，顶多让我们离开他，并不会改变我们的认知。

经验来自更早期的时光：你小时候低姿态大都是不被允许的。你需要妈妈，妈妈说不。你向她展示自己的弱，只会被她无视、嫌弃、指责。她会把你的生活照顾得很好，但在心理上不会哄你、安慰你、保护你。当你需要她，她只会告诉你：别被惯坏了，你自己来。

可你又有需要，所以只能让自己变成看起来很强大的样子，一边保护着自己，一边不再相信别人。

但是现在不一样了。低姿态不应该再是一个被伤害、被禁止、被羞辱的代名词。低姿态是中性的，并不是所有人都会因此而伤害你。成长的过程伴随着尝试和冒险。你可以尝试下新的经验。坦诚地放低姿态试试，在不被满足后再收起来也不迟，起码有了被满足的可能。

但是一开始你就以高姿态索爱，失败就是必然的。你要知道：最柔软的最坚强。

他不满足我的需要，我该怎么办

你需要一个人，他却不能满足你。世界上还有比这更让人抓狂的事情吗？

你需要他爱你、陪你、重视你、关心你，需要他跟你有点"灵魂"交流，需要他能给你点"高质量"相处的时间，希望他满足你所谓的"基本"的需求，需要他做你认为的"正确的""应该的"事情，然而你发现他就是做不到。

你生气、威胁、分手、挣扎，用尽了方法，可他依然不去满足你，或者他勉强满足了你，带着满腹委屈和不情愿，让你更抓狂。

有需要是正常而且健康的，人活在这个世界上，总是需要外界提供给我们生存所必需的粮食、关爱与安慰。不可能所有事情都自给自足，我们必然需要别人。只是，当别人无法满足你的需要的时候，除了放弃和愤怒，你还可以为满足自己的需要做点什么呢？

1. 选择合适的方式表达需要

有需要是没有问题的，得不到是你可能用错了方式。如果你懂得选择合适的方式去表达需要，你会得到更多。有四个小方法：

① 一致性表达

你使用愤怒的方式表达自己的需要，被满足的概率就会很低。愤怒是一种表达需要的情绪，然而"被你发泄愤怒"的人，很少能即刻识别到你的需要。

在"被愤怒"的时候，别人更多的时候会优先保护自己，因而看不见你的需要。

你责怪对方"为什么不买花给我，我很生气"，不如直接表达"我希望你可以买花送我，这样我会很开心"更容易得到满足。

你责怪对方"为什么总是不回我消息"，不如直接表达"我希望你下次能及时回我消息，这样我会感觉到被你重视"，更容易得到满足。

一致性表达自己的需要虽然不一定会被完全满足，但是会增加被满足的概率。

② **交换**

想得到，就先付出。爱出者爱返，福往者福来。

那些希望别人多认可自己的人经常会批评别人而很少表扬别人。并不是说他们很少夸别人，而是他们很难让别人体验到被认可。那些希望别人尊重自己的人，经常控制别人而非尊重别人。你想要认可，可以先给予认可。

那些希望别人多陪自己的人，其实很少会陪别人。陪伴的意思，并不是我们俩待在一起，而是我希望你陪我做我喜欢的事。你会发现有这种需求的人也很少会陪别人做别人喜欢的事。你想要陪伴，可以先给予陪伴。

你想得到什么可以先付出什么。这样，会让你得到的容易些。如果你都没有能力为别人做，那你在索取的时候，是否可以少一些理所当然呢？

更高级一点的付出，是给别人真正想要的东西。你得先识别别人的真正需要，继而去满足。当别人感受到你的爱后，也会愿意为你做更多。

③ **选择合适的情境**

人在表达需要的时候，通常会不分情境地索取。有时，就像一个饥渴的婴儿，没有被马上满足就会暴怒。对方可能因为你这种咄咄逼人、唠叨、粘人、强浓度、不分情境的索取而感觉到窒息和无奈,特别想逃走。

假如你能忍个片刻或几天,在对方心情好、想沟通的时候去索取,会容易得到更多的满足。这种忍耐叫延迟满足能力。

成年人跟婴儿不同,婴儿需要即刻满足,而成年人可以延迟满足。

④ **接纳他人的局限**

如果你坚持只要 100 分的满足,你会掉进愤怒里,在"他为什么不爱我""他为什么不愿意为我做"的想法里不可自拔。想要 100 分的满足,实际上是一种对绝对满足的偏执。这时候你满脑子都是"我想要""没有得到全部,我生气"。

当你开始相信并接受他人的局限,你才能放下偏执,才能看到其实他人已经给了 30 分甚至 60 分,他只是没有能力给你想要的 100 分。你放下 100 分的执着,才能享受已经有的 30 分甚至 60 分。

成年人跟婴儿的第二个不同,就是婴儿需要绝对满足,而成年人可以接受部分满足。

这不意味着你的需要得到此为止,而是你可以转身,从其他渠道满足。

2. 向"第三者"要

如果你觉得对面这个人无法满足你的某些需要，问关系之外的"第三者"要也是一个办法。

如果两个人进入恋爱或婚姻模式，你们四目相对，眼中只有彼此，那是一种非常危险的共生、融合关系。世上没有一个人可以完全满足另外一个人的需要，所以你们的关系很快就会走向相爱相杀。有的人不愿意离开父母进入婚姻关系，也是在渴望从父母那里得到充分的情感满足。实际上一段健康的情感关系既有融合的部分，又有独立的部分。独立的部分，实际上就是"第三者"和你的世界。

"第三者"可以是朋友、可以是亲人，也可以是宠物，当你受伤的时候、需要被安慰的时候、需要被帮助的时候，他们可以给你很多支持。

"第三者"可以是喜欢的游戏或事业，你沉浸在其中的时候，会感觉到一种满足。

"第三者"可以是心理咨询师。在他那里，你能得到别人给不了的理解、陪伴与鼓励。

好的婚姻绝不是要满足彼此的所有需求，而是满足个人的核心需求。其他次要的需求，可以由"他者"来提供。

3. 向自己要

自己满足自己也是一种方式。自我满足,一共分两步:

① 停止压榨自己

你需要一个人肯定你、认可你的时候,你会发现其实骂自己最凶的那个人,是你自己。你责怪自己不够好,才会特别需要别人喜欢你、认可你。

你需要一个人陪伴你的时候,你会发现其实忽视自己最厉害的那个人,是自己。你把时间给了家务,给了工作,给了忙碌,唯独没有给自己。你没有把时间留给自己,才需要别人把时间留给你。

你需要一个人尊重你、不要强迫你的时候,你会发现你是那个强迫自己最厉害的人。你总是在不断要求自己应该这样、应该那样。你过于控制自己、不尊重自己,才导致你希望从别人那得到尊重而非控制。

② 做点什么,让自己好受点

爱自己,就是为自己做一点什么,让自己好受点。在失落的时候,抱抱自己。在需要被认可的时候,认可下自己。劳累的时候,停下来歇歇。

如果继续向别人索取,既消耗自己又无法得到满足。你是否可以停下来呢？此刻停下来，也许会让你更好受一点。

你想让别人为你做什么，能否先为自己做呢？你是否可以创造一个条件和环境，让自己得到更多的满足呢？

4. 与丧失和解

前面我们说了三种方法，无论使用哪一种，你会发现我们能得到的满足都是有限的。这个世界上，绝对的满足只会阶段性地或暂时性存在。

因此我们必须要学会跟无法被满足和谐相处。如果学不会，就会陷入偏执里，寻求各种方法获取满足。失败后，依然偏执，暴怒，怨天尤人。

这个世界本来就不完美，他人是，我们更是。学会面对不被满足的感觉才是我们要修习的功课，这种功课就叫与丧失和解。耐受不被满足的时刻，就是人生的一部分。

与丧失的和解，就是认识自己的局限，接纳自己的不完美。正是人生有了不完美，才成了一种风景。

5. 哪种更好

那这四种方法我们该用哪一种？当我们的心理有了匮乏

之处，当我们需要他人，我们该如何处理？

向对面的人要、向第三者要、向自己要、与丧失和解，只使用任何一种单一的方法，都会显得偏执。我们需要使用自己的理性去评估，去感受，去选择，去综合使用这四种方法。

什么才是真正的爱自己。就是用这四种方法，组合出对我比较有利，恰当和舒服的方式，去让自己好受点，开心点，而不是执着于渠道和形式，我一定要怎么满足。

爱自己，就是自我满足吗？不全是。

向别人要不可以吗？不是不可以。

爱自己不是不问别人要，而是愿意选择更多的方式去满足自己；而是在尝试过更多的方法依然得不到满足后，愿意放弃执着，选择其他能满足自己的方式。

无条件的爱，容易和完全满足混为一谈

1. 无条件的爱，不是要什么就给什么

在爱情里，你会有这样一个信念："你爱我，就应该……"

你觉得，无条件的爱，就是满足你的全部。甚至觉得，爱你，就是满足你的全部。这显然是两个概念，混为一谈是危险的。

你的心中也都在渴望着这样一种爱："无论我是好是坏，你都不离不弃。无论我表现出什么样子，你都还是无条件爱我。"

你不相信爱，就开始测试爱："我加大需求，看你还是否愿意满足我。我折磨下你，看你是否还愿意爱我。"

结局常常是：爱经不起测试。然后你就"成功"验证："我果然不被爱。"

可无条件的爱，只是在给你的时候不要求回报什么，并不是你要什么就能完全给你什么。

2. 渴望无条件的满足是危险的

你会抱怨别人"不爱我"。其实你所说的并不是不爱,而是不够爱。包括对爸爸妈妈、朋友、伴侣的抱怨和控诉,你责怪的是别人没有给你想要的剂量的爱,没有满足你的需求,没有给你想要的方式的爱。但你能说别人一点都不爱吗?

别人也许没有满足你的全部,但并不是什么都没付出。如果他跟你不是敌人,也不是陌生人,一点都不爱你也挺难的。客观上来说,对方一定是有付出的。既然他在付出,即使他付出很少,那对方在付出这些爱的时候,是有条件的吗?很多时候他只是想为你做一点点力所能及的事。

比如说关系中的沉默。你很想让他给你一个回应,可是他只是沉默、冷漠、不说话。你就觉得他不爱。实际上,他只是不想跟你吵架伤害你。他也在情绪里,他做不到好好说话哄你,他能做的只有不向你发泄,可是你看不到。在你的世界里,你委屈地觉得:

"你不按照我想要的方式来做,就是不爱。"

"你没有给我想要的满足程度,就是不爱。"

当你体验不到被爱,就开始折腾。你的折腾会把两个人的关系越拉越远,结果就是原有的这点爱也被消耗没了。你全然忽视他其实已经做了很多。当你想要全部的满足,你就会对对方做的部分进行全面否定，进行非100即0的毁灭性打击。

3. 想给出无条件的满足更是危险的

有的人在被指责时会认同对方，会自责、内疚，觉得自己的确不够爱对方，觉得自己做得还不够。他们也觉得：爱一个人，就是应该满足对方的所有需要，就是应该让对方开心满意。

比如妈妈会在不满足孩子的时候感觉到内疚。她会觉得孩子有情绪，就应该无条件接纳。孩子有需求，就应该无条件满足。自己不应该对他发火，不应该给孩子带来伤害。"给孩子带来伤害"是很多妈妈难以接受的事。可是她们又做不到完全不伤害孩子。

恋人亦经常如此。他们的确感觉到了自己的行为正在伤害伴侣，也觉得自己的行为是不对的。他们很想调整自己的生活、脾气、节奏，去照顾对方，可又总是做不到，进而自责。

有的人在发脾气，看起来他们在指责对方。实际上是因为他们体验到内疚，他们也觉得自己应该无条件满足对方但是却做不到，他们承受不了这种压力和内疚，就会希望对方不要再提要求了。

想给出无条件爱的人，容易自责、内疚、压力大、内耗大。

你总觉得:"别人想要就满足他、听他的,才是爱。""不给别人带来任何的伤害,才是爱。"

这种理想化的爱,超出了你的付出能力,你就很容易崩溃。

4. 导致这些问题的,是我们内在原始的自恋

健康的爱乃至健康的无条件的爱是这样的:

"我给别人我所能给的,不以回报为目的,就是无条件地爱别人。""我接纳自己能力有限,无法给到别人想要的全部,并不因此自责,这就是无条件爱自己。"

"我尊重别人因为没被满足而愤怒、受伤,知道并尊重这是别人应对匮乏感的方法,而不责怪别人有情绪,有需求。这时候我静静陪着受伤的人,就是无条件的爱。"

就像这样一个妈妈,孩子想要一个贵的玩具,妈妈不会指责孩子贪婪、不懂事、不体贴,更不会找一堆"为你好"的借口。妈妈只是温柔地、诚实地告诉孩子:"妈妈觉得这个玩具很贵,不舍得给你买。"这是一个真实的妈妈,此刻她给出的真诚、温柔和陪伴,就是无条件的爱。

孩子闹脾气:你不爱我了,不舍得给我花钱!妈妈停下手里的事,陪着他、温柔地告诉他:"妈妈是不给你买贵的玩具,但妈妈还是会给你买不贵的玩具,会给你做饭、洗衣服、

照顾你、供你读书，这些都是妈妈爱你的表现，这说明妈妈是爱你的。"这时陪伴、安抚和解释，就是妈妈能给出的无条件的爱。

孩子哭了会儿说：那我能要这个便宜的吗？妈妈说，可以呀。

她帮助孩子看到：妈妈能力有限，无法给我无条件的满足，但妈妈给了我她能够给的部分。那么孩子长大后也就知道：别人此刻没有完全满足我并不是放弃我，即使别人没有给我全部，也不代表不爱我。

不被满足的这个过程，一开始的确是难受的，可我们终究要面对"这个世界无法无条件满足我们的全部"这个事实。孩子小时候如果妈妈没有能力帮他面对这种丧失，长大后，他就需要自己在感情里更艰难地一次次面对。

如果你看到别人不被满足的时候会难受，其实是你自己忍受不了不被满足，然后投射为别人也忍受不了。

忍受孩子的哭闹是煎熬的。这种煎熬的本质在于：妈妈不能接纳自己的能力有限，更不相信孩子可以在失望里学会自己面对。妈妈想承担孩子的全部，拒绝给他成长的空间。

恋人之间也是这样的。他们不能看着另一半作啊闹啊，因为他们不能接受"我给你的爱是有限的"，他们总觉得给出全部才是爱。这跟冷漠的区别是：我只是满足不了你这个需求，但其他我能做到的，我还是愿意为你做的。我并不因为你向我索取，而对你有意见或惩罚你、离开你。我没有办法消除你想要更多的想法和不开心，但我能给出的这部分，是心甘情愿的。

5. 跟自己的不被满足相处

很多人觉得爱我就要容忍我的一切。接纳我的好，更要接纳我的坏。可是，接纳你的坏，不代表接纳你的伤害。别人可以接纳你有需要，不代表能接纳你的攻击、控制、否定。不接纳并非爱有条件，也并非不爱了，而是无限接纳你会给我带来伤害，我就会选择逃避或离开。我给不出更多了，不是不爱了。我不接纳你带来的伤害，不代表就不爱你了。

爱是有限的，不代表爱是有条件的。正因为爱是有限的，我们才学会了面对自己不被爱的部分，从而得到成长。

从这个角度来说，我们都被无条件爱着，只不过我们还没学会跟自己的不被满足相处。而一个人成熟的过程，就是不得不学会接受爱是有限的，并且学会跟自己的不被满足相处。

对痛苦好奇，而非回避

1. 注定痛苦

虽然我们不喜欢痛苦，但痛苦依然不可避免。从醒来到睡去，每天你都会面对大小、数量不等的痛苦事件，或者是你被嫌弃、被指责、被抱怨、被失信、被失望、被冷落，或者是你面临一些难题无从下手。

痛苦不可避免。如何应对痛苦，就显得比痛苦本身更为重要了。

我们之所以痛苦，实际上是因为某些需求没有被满足。这些需求可能是：你不要打扰我，你不要挑剔我，你对我多一些关心，工作难度小一些，手里的钞票多一些等等。没有需求就没有痛苦。可我们是活人，注定要对这个世界、他人、环境有所求。所求的又不可能全部得到，所以我们注定痛苦。

面对一个痛苦事件，我们有两种处理方式：

① 回避痛苦。② 利益最大。

心智成熟之路，就是能从单纯使用回避的方式应对痛苦，发展到能使用利益最大的原则应对痛苦，并进一步发展到两者灵活运用。

2. 优先回避痛苦的原则

人在遭遇痛苦事件时的本能反应就是回避。你的手触碰到了火苗，会本能地想收回。走到了一条没有人的黑暗的小路，你本能的反应就是想快速通过或撤离不走。你做的很多自动化反应，都是为了在那一刻减少痛苦。

在关系里，当你被嫌弃、被挑剔、被冷落的时候你会体验到某些痛苦，这时候你会自动化地选择一些方式来回避痛苦：

① 压抑。告诉自己没关系，无所谓，我不在乎。这就是给自己服用麻醉剂，通过忽视、否认自己感受，与痛苦的体验进行了隔离。你的潜意识觉得：只要我不认为自己痛苦，我就没有痛苦。很多妈妈也会用这样的方式帮助孩子减少痛苦，在孩子磕着的时候、打针的时候，告诉孩子"不疼"，在吃药的时候跟孩子说"一点都不苦"。

② 合理化。告诉自己别人这么做是因为别人有充足的道理，或者告诉自己这些痛苦都是自己应该承受的、自找的。比如被老板指责的时候，告诉自己"谁让我是打工仔呢"。

比如被伴侣指责的时候，会告诉自己他就是这样的人。把痛苦合理化，接受起来就容易多了。

③ 指责。找不到理由的时候，会责怪别人不应该这么做，进行反击。这时候你就可以在潜意识里幻想别人会因为自己的要求而做出改变，以此减少你的痛苦。这是一种"谁让我痛苦我就改变谁"的方式，通过消灭刺激源的方式来解决痛苦。

④ 取悦。通过认错、乞求、改正等方式，恳请对方不要再伤害自己。本着"打不过就加入"的原则，你的幻想里，只要把对方哄开心了，只要不再刺激对方，对方就不会再伤害你。这时候你就不用面对自己内心的痛苦，只要把注意力放在对方身上，关注对方的感受和态度就好了。

回避痛苦的本质是自动反应。这些方式，的确可以某种程度上缓解痛苦，但有的时候却会适得其反增加痛苦，甚至会给你带来一些不必要的麻烦，浪费你的时间。自动反应的好处是省力不用费脑子，坏处就是这显然不是最优解。

3. 利益最大化原则

使用理性思考，你会找到一件事的更优解。在面对痛苦事件时，你能够跳出事件本身进行思考："我怎么了，别人怎么了，事情怎么了。"进而发现一些现实有效的方法，通过使用这些方法，迫使或影响环境、他人、自我发生改变，从而达成我们的愿望。

要思考并认识到痛苦的根源，才能在现实层面上减轻痛苦。要思考痛苦，就要先把痛苦暂时放一边，而不是被痛苦拖着走。但这是反本能的，这意味着你要用理性暂时忍受愿望不被满足的挫折感。

就像你生病了需要打针，打针很疼，逃避痛苦的本能反应会让你放弃当下要做的事，哭哭啼啼逃离医院。逃避打针造成的一时疼痛，对伤口不仅没有帮助，甚至有害。而利益最大化原则则是要帮你在现实层面上解决伤口，你必须要暂时忍住疼痛，用你的理性分析我为什么受伤，我该怎么处理我的伤口，并得出最优解：打针。

因此，当一个人内心面对痛苦的时候，使用回避痛苦的应对还是利益最大化的应对，决定了他会陷入防御机制不让自己体验到痛苦，还是试图揭开痛苦的谜团，容纳它，思考它。

显然，使用理智，是人类高于动物本能的产物，也是心智开始成熟的产物。那么，怎样使用理智进行利益最大化呢？

最重要的一步就是停止自动反应。无论此刻我想做的是什么，我都告诉自己，暂停一下。你可以读一个笑话，或者刷一个短视频，或者是数60个数，你可以用很多方式让自己暂停自动反应。

第二步就是开始好奇。在体验到痛苦时你可以好奇自己一个问题：此刻，我更想要什么。

比如说，当对方不回应我，我觉得很抓狂。我回避痛苦的方式就是想放弃关系，或者进行夺命连环 call 逼着对方回应。而停止自动反应，则是开始问：此刻，我想要什么？我会得到一个答案，我想要被回应，被安抚。

第二步就开始问自己：我做什么可以得到？

我可以选一致性表达，告诉对方，此刻我很需要被回应。我也可以选择做点别的事情转移注意力，让自己得到安抚。还可以借着这个机会进行自我分析，为什么这个人的不回应我如此不耐受。

简单的两个问题，就可以让我从受害者的角色里出来。

4. 心智成熟

心智不成熟的人，会像动物一样跟着感觉反应。被骂了就骂回去，被嫌弃了就掉进难过里，受伤了就想逃离。心智开始成熟的人，会开始使用好奇代替回避：我想要什么，我可以做什么。我为什么会受伤，为什么会有这个痛苦。

心智成熟的标志之一，就是开始对自己好奇，对痛苦好奇。

当然有时候心智成熟是个苛刻的要求。当一个人心理能量不足的时候，他也需要暂时性地使用熟悉的方式回避痛苦。当人的悲痛大到他的心理能量无法面对，就需要暂时通过愤怒、压抑来防御。

当你有一些能量的时候，你便可以做一个决定，好奇自己。随着你对好奇自己越来越熟悉，在你体验到痛苦的时候，你会更愿意优先于好奇你自己。

面对痛苦时，你的第一反应是回避还是好奇，直接决定了接下来很长一段时间关系的走向和你的体验。就像是火车要变轨一样，你可以在原来的轨道上继续前行，也可以把痛苦体验当成是一个岔道口，让你有机会选择是否变轨。

无论你怎么选，结果都是属于你的。

两个人的关系问题，可以一个人来解决吗

很多人会来问我：如果我的伴侣不来，我自己来心理咨询有用吗？两个人的事，一个人来解决问题可以吗？我的答案一直都是可以的。

当两个人的感情出了问题，首先，不要急着指责，指责对方为什么这么自私、没良心、渣、没责任心，只会让你沉浸在"我是个受害者"的角色里。

其次，也不要盲目自责，觉得自己做得不够好、长得不够好。自责，只会让你沉浸在"我是个拯救者"的角色里。

你要永远记得：关系是双方的。关系是互动的结果。你做了什么，其实是基于对方的做法反应的。而对方做了什么，也是基于你的做法反应的。你们基于对方的反应而反应，然后进入循环，形成了关系的现状。对方做了什么，只是一个起始点。破碎的核心原因是你们共同卷入了这个循环。

人都是本能动物，相处时间长了，就会根据感觉做反应。舒服多了，就想靠近；难受久了，就想逃离。人当然不可能

一直做让对方舒服的事，但如果一直做让对方不舒服的事，对方就是会逃离啊。

所以虽然关系是两个人的事，但却是一个人可以解决的。你不这么做，他就不这么反应了。

1. 亲密关系中无私奉献的悲剧

一个在亲密关系中无私奉献的人，通常是怨气最重的人。这种怨气来源于：我为你付出了这么多，你为什么看不见；我为你做了这么多，你为什么都不对我好。

这种怨气即使憋着不说，也会写在脸上传递出来。因为你内心有怨，就会无意识地吹胡子瞪眼。

在一个怨的场域里，亲密关系另外一方就会受到压力："我也付出了很多，我也需要被看见，我也需要被认可。可是我不仅得不到认可，还要被迫对你有亏欠感。"于是就会想逃，逃到一个能看到自己付出、可以欣赏自己、认可自己的人那里。

很多关系中的委屈是：我付出了这么多，你为什么还对我不好？但是却不会想：自己的确付出了很多，同时也伤害了对方很多。当你给的伤害大于付出的时候，对方就是会本能想逃离。

2. 谁更痛，谁改变

关系会产生矛盾，会破碎，无非两个原因：

① 一方用攻击的方式索取

一方内心的需求无法满足，使用不恰当的方式索取，这加剧了对方的压力体验。

比如说，你想要认可、关注、重视、看见、理解等。但你不会直接表达，你会用指责、抱怨、逃避等方式来表达。这些方式的共同点是：让对方不舒服。

一个简单的道理就是：你给对方制造不舒服，还让对方来满足你，可能吗？

② 另一方识别不了攻击的含义

一个内心强大的人会透过汹涌的外在，克服视觉误差，穿越不一致的信息，看到你内在的脆弱和渴望。但一般人只会看到你表面的攻击，感受到自己被忽视、被否定、被控制，进而激发出自己内心被肯定、被理解、被尊重的渴望，然后又用反击的方式来应对。如此恶性循环。

所以关系破碎的本质是你的需要没有被满足，他的也没有。

而打破这个循环，其中一个人改变就够了。两个人都改变，更好。如果一个人愿意直面自己的内心需求，并恰当处理自己内心的需求，就不会给对方带来过度压力体验。对方就不会因为无法承受而反抗或想逃。

如果一个人能够识别对方索取的方式，并用健康的方式应对他的索取，即使你没有能力满足他，也不会带给他伤害和攻击。

两个人之间任何一个人懂得改变，都可以帮助对方成长，让对方体验到被爱，从而滋生出内心的力量，进而修复关系。

那么谁改变呢？

谁更痛，谁就先改变。

3. 改变的方法

如果你愿意去思考"我怎么了呢？"而不是"你为什么这样！"那么，世间 80% 的亲密关系都没必要破碎的。

改变的方法就是，当对方做了让你不舒服的事的时候，你要学会问自己：

他受到了什么样的压力，让他想逃跑、指责或屈服？
我做了什么，让他有这样的压力？
我是否有看到真实的他？
面对他的攻击和被动攻击，我在做什么样的反应？

我这样反应的真实目的是什么？

我是否有看到真实的自己？

如果你在做让对方不舒服的事，你也要学会问自己：

我感受到了什么压力，让我想这么对待他？

我可以有什么方式去解决，而不是逃避、指责或忍受？

我这么对待他的方式，是跟谁学的？怎么形成的？

深入到关系底层来看看两个人之间到底发生了什么，而不是执着于现象去反应，才是解决问题的根本之道。

如果你思考过了，还没有修复，你就可以放下了，因为你真的努力了。

4. 换一个人可以吗

有的人还会觉得，改变自己太麻烦了，换一个人能行吗？可以，但不建议马上。

换一个人是有用的。你可以换一个更聪明的、更懂你的、承受力更强的人。对方有强大的爱的能力，可以融化你内心的匮乏和伤痛，你也就自然好了。

就像一个容器装不下你生产的负能量，你可以换个容量大的嘛。但你得确定换到了容量大的，要注意到对方快要满了的时候，帮助他清理下。不然再大的容器，也经不起你长年累月地放负能量而不清理。

换人只不过是相当于换个大容器还是小容器的区别。

重点是：你有清理容器的意识吗？

为什么你会对一个人失望

1. 失望会破坏关系

关系里有矛盾的地方,就会有失望。

对一个人失望的时候,容易有暴力。有时候是控制不住地想跟对方吵架、暴怒等热暴力,有时候则只想默默地离开,对对方冷暴力。而之所以会在关系中有暴力,是因为对别人失望是件让自己很难受的事情,所以你会急切地想摆脱这种失望感。

我们课上有同学说,她生病的时候,和她关系最好的同事居然没关心她,她觉得这个同事自私、冷漠的本质因此暴露无遗,于是选择了默默地难过并疏远同事。课里还有个爸爸说,他觉得自己很爱孩子,但对孩子失望的时候总是忍不住大发雷霆。

我们也都见过太多这样的事情:恋人间因为对对方的某个特点、行为、性格失望,无数次想远离。好朋友间因为对方的某个特点难以接受而渐行渐远。即使他们之间还是很关心对方，也爱着对方，但依然遏制不住因失望产生的远离的冲动。

你越长大越觉得内心孤单，觉得没人能依赖，没人能懂自己，没有人能真正地陪自己。你幻想着找到价值观一致的伴侣或朋友，却总是因为价值观不同而远离，你在一次次失望中破坏掉以前的关系，变得越加孤单。

2. 对别人失望，是看不见对方的悲伤

如果别人对你不是完全无情，他必然还有一颗尝试想满足你的心。当他不能满足你，他可能是能力有限，可能是代价太大，可能是这跟他的利益冲突，可能是满足你会给他带来伤害。但他在能力和舒适范围内会力所能及地满足你的。

当你失望，你不会去想这些，你只会沉浸在自己的世界里自怨自艾，你不会去好奇：

他为什么没有满足你？是因为他不想吗？他做过什么努力吗？他有什么意愿吗？他有他自己的迫不得已的原因吗？对此他有你没有理解到的痛苦吗？当他没有满足你的时候，他会有内疚、无奈和压力吗？此刻他的情绪体验是什么？此刻他怎么看待你的需要和情绪呢？

当你对别人的无奈、悲伤、想法等内心世界视而不见，你就把感受别人此刻内心世界的能力割掉了。然后，你才能坦

然地失望，坦然地只顾自己。

当你失望，你的世界里就只有你一个人了。因此失望背后，也有很深的孤独。

3. 失望是因为理想化

失望的另一层意思就是：你没有照顾好我。我需要一个可以照顾好我的人，为什么你不是。你应该是这个可以照顾好我的人啊，你怎么可以不是呢？我那么需要一个理想化的客体，可是我没有。我只能通过假设你是那个理想客体来实现这个幻想。这个过程就是把他人理想化的过程。

我们需要一个理想化的客体来满足自己，来以我为中心，无时无刻不照顾到自己的感受，并能及时懂得我的想法，适应我的需求，满足我一切的心理需要，让我体验到子宫里的温暖。我们内心深处最大的幻想，就是让这个宇宙都以我为中心。

当你靠近我，当我对你产生了情感投入，就像是投入了你的怀抱一样。你照顾过我、满足过我，我对你就不再像陌生人一样毫无需求。你曾经的照顾会激发我所有的贪婪，想让你给我全部的满足。

这种情感连接太熟悉，就像是婴儿时期妈妈对自己的感觉一样。它激发了我们在前语言期对妈妈的感觉，所以我们会把这个人理想化为理想的妈妈。

如果当年妈妈没有给到我们想要的绝对关注，没有以我们为中心，我们就会一生在潜意识里怨恨妈妈为什么没有给我们足够的爱，就想报复她。长大后，任何一个像她的人，我都会在潜意识里推动报复。

4. 所有的好一笔勾销

在失望感里，你以前对我的好，都要一笔勾销。我们以前的情感，都不再记录。因为此刻你对我不好，所以你整个人都不好。无论你以前对我多好，我都要假装视而不见，这样我才能安心地攻击你。理性上我也知道你曾经对我很好，你也有优点。但失望感来袭的那一刻，我就什么都不愿意看见，进入到偏执状态里了。

一旦陷入这个偏执分裂，我们就再也没有办法体会到真实了。我们只能沉浸在自己的感受里，失去客观判断的能力。

而客观却是：

他既是个好人，也是个坏人。他对我有过情感输入，也有情感伤害。即使他此刻可恶，也不代表他就不是个善良的人了。

他并不是那个能百分之百满足我、实现我需求的人，也不会围绕着我转，更不会因为我的需求而发生绝对改变。

他跟我产生关系，对我好，本来就是额外附加的。那既不是用我对他好换来的，也不是他欠我的。而是我们间自然情感的流露，没有 100 分，只有 60 分。

也就是说：客观上，他只是个不完美的人，并不是个糟糕的人。

5. 与失望和解

维持关系重要的方式之一就是与自己的失望和解，方式就是让自己的视角恢复客观。

客观评价他人，就是关系中自我成熟的开始。同时，成熟又是丧失。丧失就是知道你想要的这个理想客体，永远都不会来。你想要的那种照顾的感觉、那种完全被爱的感觉，根本不存在。妈妈在你很小的时候没有完全以你为中心，你这一生无论怎么努力和幻想，都无法再实现。

某种意义上来说，你所遇到的每个人，都不能一直满足你，永远围着你转。

每当别人不能围着你转的时候，你就会体验到失望、生气、委屈。这是因为你潜意识里的标准很高，不会有人能全部满足的。你要理解别人不能一直围着你转，不能无条件满足你的所有要求，接纳别人也有缺点。你计较是因为你还想幻想他以你为中心，这是你需要调整的。你可以说你对他也付出很多，但付出的当下你是开心的，而不是因为想用付出绑架对方。

如果你无法享受那一刻的开心，也不要再去勉强自己付出。

此刻，没有人满足你的时候，你起码可以先满足自己。已经成年的你去抱抱那个如此需要被呵护被关注的童年时的你吧，去用心安抚他。

值得我们取悦的只有自己

爱上自己,稳定内核,是我们人生中经历的最后一场只属于自己的求生战争。

诉苦，是一种能力

1. 人类有一种好，叫作看起来很好

在外人看来，你挺好的。阳光、开朗，整天乐呵呵的，没什么烦恼。你的生活也让人羡慕，有着不错的学历和背景，有份看起来体面的工作。虽然家庭偶尔会有争吵，但整体关系也还算和谐。人们都觉得你活得真简单，真快乐。

可是你的内心却是这样的：一切看起来都挺好的，可我就是不快乐。你不开心到自己都觉得矫情。

对于逛街、婚宴、聚会都不热衷，偶尔强迫自己跟他们一起欢笑，过后却莫名觉得孤单。

你按部就班地上班下班，处理分内的事情，也获得了一些成绩和嘉奖。但总觉得这个过程少了些激情，有些职业倦怠。

经常感觉浑浑噩噩，什么都不想做。总觉得休息不够，甚至消极地认为，人生的终极梦想，就是躺在床上。

这可能是一种抑郁的表现。

抑郁不同于抑郁症，是人的一种情绪低迷的状态。一个正常人，生活就是充满了欢乐与悲伤，快乐与烦恼。人的正常情绪是有周期的，有时高昂，有时低沉。

能坦然抑郁的人是幸福的。他们活得比较真诚，开心的时候就开心，不开心的时候就不开心。然而很多人都丧失了表现抑郁的能力，他们把自己伪装起来，只表现阳光、开心的一面，隐藏了自己的烦恼与伤悲。

在别人看来，你一切都挺好的。你跟别人说你也很苦恼，没人愿意听也没人信，以至你更不会展示自己的不开心了。

这个世界上其实并不存在时刻都阳光的人，只存在偶尔阳光的人。所有你看到只有好的一面的人，他们必定在另外一个你看不见的地方隐藏了负面情绪。

很多糟糕的感觉，经常会在某个瞬间涌上你的心头。你不对自己的负面情绪进行觉察，就会惯性地陷入压抑情绪。最常见的压抑情绪的方式就是将情绪合理化。不开心时，你总是在理智上告诉自己是庸人自扰、没必要、想多了。但这样想并不会帮助你，因为糟糕的感觉依然真真实实地存在着，扰动着你的心。

当委屈、愤怒、难过、心酸、压力、孤独、无助等负面情绪来临，如果你不能正常处理掉，负面情绪就会累积到身体里。这时候你的身体就会满负荷，这就是你感觉到的心累。看起来你什么都没做，但其实身体是在负重前行的。

这时候身体为了保护你，只能降低你对生活的兴趣，减少额外的负担，以有更多的能量装载这些情绪。因此，这是一种保护。

抑郁情绪的产生，通常是因为负面情绪堆积太多而没被疏通导致的。

2. 是什么阻碍了你诉苦

为了排解负面情绪，上帝赋予了人类一种非常有效的能力，却经常被你忽视。这种能力就是诉苦。

诉苦，就是把你的不开心说出来，讲给别人听。把你的遭遇、愤怒、悲惨、孤独、寂寞、无助、绝望、受伤、委屈、无聊、迷茫通通说给别人听。

我知道当我说到这儿的时候，你的内心会下意识抗拒，你有很多信念拒绝这么做。比如"没有人喜欢听你抱怨""没有人喜欢负能量""别人也很忙""不能给别人添麻烦""别人帮不了你"等等。正是这些信念，让你生活在某种局限里，变得越来越封闭。

我最开心的事就是喜欢的人愿意对我袒露心声。这既让我觉得被坦诚对待，又让我觉得被信任。反之，如果一个人每天在我面前都很开心，不流露一点儿负面情绪，我会感觉自己离他很远。

事实上，偶尔流露的抱怨和负能量，是对他人的一种坦诚，是一种信任，是一种敞开，是依赖，是愿意建立关系的表达。当你想跟一个人更亲密，在他诉苦的时候相处比在他开心的时候相处更容易拉近彼此关系的。

是诉苦，给了别人走近你的机会。那些对你没兴趣的人，才不会听你诉苦。

我们不喜欢听别人抱怨，实际是不喜欢听别人一直抱怨，总是抱怨。偶尔听抱怨是种享受，过度听抱怨才让人厌烦。

其次，你担心别人不喜欢你的抱怨，是你有一种幻想：我一抱怨，别人就崩溃到无法承受。你总觉得别人也不容易。这是因为你不会求助，活得很不容易，你把自己的不容易投射到别人身上，认为别人都跟你一样不容易。你的生活很辛苦，也觉得别人很辛苦。你很忙，不喜欢听别人抱怨，你也会认为别人也没空听你说。

实际上，别人忙吗？只是你觉得别人都很忙，只是你觉得别人都很不容易。

当你觉得别人很忙，不想听你说的时候，其实你的潜意识是："别人的事，都比我的事重要。""我不值得别人为我花时间。""我不值得别人重视我。""我不值得别人为我停留。"

别人可能在照顾孩子，可能在忙工作，也可能是在吃苹果，可能在看电影，可能在遛狗，的确挺忙的。你认为这些都比你重要，所以认为别人真的没时间听你诉苦。

因为在你的想象中，对别人来说，你是最不重要的。所以别人不会有多余的时间留给你。不会为了你改变生活节奏，不会为了你放下正在做的事，哪怕那件事是可做不可做的。

至于抱怨会给别人添麻烦的观点，就更是无稽之谈。你认为自己活着就是个麻烦，可是别人不会这么脆弱。不给别人添麻烦，就是不懂得求助，不懂得需要别人，不给别人机会靠近你。

这些信念在你的头脑里根深蒂固，以至于你觉得诉苦是个糟糕的事，于是渐渐丧失了这种能力。

顺着这些信念，我们也可以想到你的成长史。在你小时候，抚养你的那个人，听不得你有抱怨，看不得你委屈，受不了你有不开心。因为他听不下去，他就会告诉你"不能"。他总是把你放一边忙自己的事，沉浸在自己的世界里，这些都比关心你的感受还重要。

他那么忙，受不了你再给他添麻烦。他那么脆弱，也经不起你的麻烦。他可以为你做很多，但就是不想听你再说什么。

于是你只能学会坚强。自己消化情绪，自己照顾自己。

3. 诉苦的好处

不能诉苦的人，还有一个很深的信念：诉苦没有用，别人也帮不了你。

这个信念，会让你陷入一个人死扛的执念里，特别悲壮，特别孤独。有时候为了防御这种悲壮，我们会美化这个行为，把它叫作坚强。

事实上通过诉苦，你能获得的好处太多了：

① 情绪释放

心理咨询中非常重要的疗效因子，就是诉说与倾听。说多了，自己就好了。说得不够多，就引导来访者说更多。他的负面情绪被排解，力量就出来了。这时候人自己就会知道该怎么做了。

人不知道该怎么做，通常是因为情绪吞没了思考能力。情绪缓解，思考能力就回来了。

② 思路梳理

诉说是一个自我整理的过程。当你感觉到自己的生活一团乱麻，你就去诉说吧。当你不知道该从哪儿开始说起，你就随便开始吧。很多问题，说着说着就清晰了。

人比自己想象中更聪明，人本身就知道答案。只不过缺乏一个契机找到答案。

③ 心理支持

现实层面上可能真的没人能帮助你。但是在心理层面上，你依然可以获得大量的支持、陪伴、鼓励、慰藉。有时候人在心理上获得的支持，正是帮助人走过困境的最强的力量。

某种程度上，心理上的支持，比现实的支持更能给人力量。它让我们能有勇气去独立面对，而非依赖他人帮助。心理上的支持，可以帮我们排解掉负面情绪。让我们带着爱面对现实，而非带着孤独与无助。

④ 实际建议

当你说"别人帮不了我"的时候，是一种极大的自恋。倾听虽然不是每个人都擅长，但是提建议却是很多人会的。当你诉苦后，你会得到大量的建议。当你犹豫该不该离婚，你的朋友们多半知道该怎么做。当你不知道怎么面对领导，愿意给你指点的人就更多了。

这些方法也许不专业，但依然具有参考价值。建议有用就行，没有什么专业不专业之分。你去找专业的心理咨询师寻求帮助，心理咨询师会跟你说：我们心理咨询，是不给建议的。

4. 找谁诉苦

当你愿意放下内心的执念，诉苦对象就很好找了。可能你会感慨："翻遍通讯录，没找到能倾诉的人。"这是一种对自己的不自信、对他人的不相信。不信你发个朋友圈：好失落，谁陪我聊聊。有人会嘲笑你矫情，也有人来关心你怎么了。你要为哪种人活呢？

你可以找陌生人诉苦。很多人愿意听你说。

你可以找家人诉苦。家人对你的关心程度，是需要你引导的，你可以告诉他们，你不需要建议，你只想倾诉。不然他们只能用自己的方式担心。你怕他们担心从而"报喜不报忧"，这对他们极大的不信任，更是你对关心的抗拒。

无论找谁，重要的是你要有诉苦的能力和意识。

不要在别人诉苦时提建议

1. 不要在别人诉苦时给建议

当你跟一个人诉苦,最烦的就是被给建议。别人跟你诉苦,你最常做的也是给建议。

你跟一个人说想离婚。他就会建议你"为了孩子不要离""这种人早就应该离了,你会遇到更好的""想离就干脆点,不要拖泥带水"。

你跟一个人说老板不好。他就会说"热爱工作""为了钱忍""辞职换个工作""不喜欢就辞职"。

你跟一个人说孤独难过。他就会说"没事,别想那么多,多出去走走"。

你跟一个人说生病了不舒服,他就说"多喝热水"。

虽然你觉这种做法很烦,但你也会经常这么对别人。

当你在吐槽某件事的时候,被建议之所以让人烦,是因为:

首先，建议会打断感觉的流动。一个人在抱怨某件事，不一定是在寻求建议，而可能是在疏导情绪。人内在的一些淤堵需要通过表达才能流动起来。正如开心需要分享一样，你中了彩票，旅游时看到了美景，看了部很棒的电影，你都会有一种分享的欲望，或者分享给某个信任且在乎的人，或者通过社交平台分享。同样，糟心的事，人也需要分享。很多小事，吐槽完了，被倾听了，也就过去了，不需要非要在现实上做什么改变。

在被建议里，你的情绪是不被允许的。提建议的人在发出一个暗示：行了，赶紧过去吧，别说了，别再沉浸在情绪里了，打住吧。你接收到了这些信号，所以你就难受了。

其次，这些建议也没什么用。你会发现你经常安慰别人的那些话，放在自己身上是没有用的！每个人的问题，都是一个系统的结果，自己都权衡不到方方面面，他人更难权衡到你在意的方面。所以，他人给出的建议是很难照顾全面的。这些没用的建议，你还得做出回应，就格外心烦。

2. 为什么有的人喜欢提建议

为什么喜欢在别人诉苦、抱怨、负能量的时候喜欢提建议呢？

因为焦虑。

别人诉苦,说他过得很糟糕,遇到了很糟糕的事,心情不是很好。本来这是他的事,跟你没什么关系。但有的人会对别人的心情不好有PTSD,也就是创伤应激障碍。就像是看到话梅会流口水,看到东西摆放不正就想摆正,看到阴天就想带伞,看到老板就害怕想绕道走,遇到自我介绍就想找个缝钻进去,有的人看到别人心情不好,就会升起一个带有自我要求的自动反应:

他正在受苦,我要安慰他。

他正在不开心,我必须要做点什么让他开心起来。

他在跟我说烦心事,他在需要我,我不能置之不理,不能轻描淡写,不能看起来无所谓,我必须要表现出热心、积极、感兴趣、替他紧张的一面。

你也可以问问你自己,你内心深处觉得,当别人跟你说不开心的事时,你有哪些潜在的自我要求呢?

显然这些事不一定是想你做的,更不一定是你擅长做的,你既不是专家,不知道怎么解决这些问题,又不是心理咨询师,不知道该怎么安慰一个人的不开心。你内在就开始了大量的反吐槽:

"我哪儿知道你该怎么办?我又不是你。""你跟我说这些干吗?""你这些困难超出了我的专业领域啊。""我自己的生活都一地鸡毛,还要花心思来同情你,理解你,安抚你。""怎么办，压力好大。"

慌乱中，你就会挤出一些不太靠谱的建议。

为了防御自己的慌乱，你可能会觉得自己的建议其实特别高级特别有用。但如果仔细想想你就会发现，你的建议也许对你自己有用，但与对方的实际情况并不匹配。他的性格、能力种种综合下，根本做不到或做了也没用。

所以其实不是别人的负能量让你感觉到烦了，是你内在"我要安慰他"的想法让你烦了。你把别人的诉苦，当成了对你的要求。

如果你有能力划出界线，分清楚别人诉苦是别人的事，跟你没关系。你不必非要安慰他、帮助他，你就不会感觉到烦了。

3. 为什么要着急解决

有一种心理疾病，叫"看不得别人不开心综合征"。这是我发明的词，就是在讲，有的人看到别人不开心的时候就慌乱。比如说，妈妈看到孩子哭的时候，就开始烦，抱怨孩子怎么又哭了。因为她在要求自己去哄，可是又不想去。自我强迫得很难受，就以烦的形式表现出来了。

别人不开心，你听着就是了，看着就是了。为什么会有人那么迫切地想解决别人的不开心呢？

因为殃及池鱼的经验。

可能在你很小的时候，你有一双不怎么开心的父母，他们会把自己生活、感情、人生中的一些不如意表现给你看，讲给你听。他们会给你吐槽、抱怨谁谁不够好。这时候作为孩子，看到父母不开心，你也很慌乱，他们的问题显然不是你能解决的。可是如果你自顾自地玩，不管他们的倾诉，你就会被惩罚。你处理不好他们的不开心，他们就会对你产生新的不开心，你跟着就遭殃了。

长大后，当别人不开心，你的潜意识就觉得：别人的不开心，是个很严重的事。如果我不管他，他就会转身来骂我。

其次，你的不开心也在被大量这么应对。爱抱怨的父母，同时也爱给建议。当你在学校遭遇了挫折，他们很喜欢告诉你"应该"怎么做。我小时候被小伙伴欺负了，我妈妈就会迅速给我一个建议：你应该打回去。完全考虑不到我当时的恐惧状态，根本没有能力跟大孩子对抗。

你自己缺乏诉苦被倾听的经验，你就很难给予别人这种体验。

在被诉苦中，你还会产生"浪费时间"的感觉：说这些有什么用呢？去解决就好了啊。作为一个实用主义者，一个解决问题的机器，情绪本身是不重要的，纯粹浪费时间，生活的本质就是解决一个个问题。解决了这个，就可以解决下一个了。

4. 信任

其实，面对别人的诉苦、抱怨、负能量，最好的方式是倾听。

倾听最重要的前提是信任。不开心不是什么洪水猛兽，每个人都有大量成功应对的经验。就像发烧咳嗽一样，总会过去的，不必紧张。焦虑的妈妈在孩子咳嗽第一声的时候就想到赶紧送医院，在不陪孩子的第一天就觉得孩子这辈子有不可磨灭的心理阴影了。你就像这样的妈妈一样，在别人不开心的那一刻，就想赶紧给他扑灭，仿佛这个不开心发展下去会有多么大的危害一样。

实际上，你只需要听听就好了。你能给的最好的安慰，是时间而不是建议。你花一点时间听他把话讲完，最多给一些"嗯""这样呀"，表达下你的回应，就可以了。如果你想多做点，可以表达些认同"的确是的""那人太坏了"。如果吐槽对象是你，你也可以表达下认同：是吧，我这个人的确有点坏。

在诉说中，情绪过去了，理智就会出来。在诉说中，人也会慢慢理清思路，知道该怎么办。你要相信：最能解决他的问题的，一定是他自己。虽然他自己也解决不好，但一定比你解决得相对更好。

在我年轻的时候，我记得有个姑娘失恋了，想找我聊聊，于是请我吃饭。整个过程，我吃啊吃，她说啊说。两个小时后，我很满足地吃饱了，她很满足地说够了。走的时候，她说了好多个谢谢你，我也说了好多个不客气。

如果你想照顾他人的感受，想再做一些行为，那你可以好奇。你可以通过一些提问，让他表达更多，有更多倾诉。

再多一些行为的话，就是理解与共情。理解是治疗不开心最好的良药。但这个很难，不经他人苦，很难理解他人的难。

这不意味着丝毫不给他人建议。当他人提出需要一个建议的时候，你是可以给的。或者你可以询问他人的意愿：我想给你一个建议，可以吗？建议这个东西，只有在征得同意后，才是有效的。

最重要，也是最基础的，则是界限。不必卷入他人的不开心过深，放下助人情结，尊重他人的命运。

怎样娱乐，才不自责

1. 娱乐，好像是一件自带罪恶感的事

经常听学员说，他们因为沉迷追剧、短视频、打游戏特别有罪恶感。

这种罪恶感，主要来自浪费时间产生的焦虑，眼睁睁看着时间大把地流走而难以自控，觉得自己虚度了光阴。

追剧时间过长，会导致眼睛疼、神经兴奋，次日起不来，浑浑噩噩，什么都干不下去，一天又白费了。既浪费了时间，又折磨了身体，还影响了工作，罪恶感更强，着实痛苦。

他们对自己过度追剧这件事非常不满意。晚上读完《自律的人生，是多么××》，觉得找到了人生真谛，决定看完这一集就睡觉，从此开始自律的生活，结果……天要亮了，你才意识到该放下手机了。

不影响身体的娱乐，有时也会令人纠结。比如旅游、聚餐、逛街，这些本来非常欢乐的事，虽然不影响身体健康，有时

却可能时间过长而耽误其他正事，或影响休息，于是便产生纠结与苦恼：好焦虑，好浪费时间，好空虚，好没意思。

然后他们又决定开始自律。决定自律后的结局是：责怪自己为什么自律都做不到。于是又一次对自己不满意。

有时候他们会遇到一些很有趣的心理咨询师。他们被告诉说，要享受娱乐，要享受追剧。追够了就不想追了。结果他们还真信了，第一天追到凌晨2点，第二天追到凌晨4点，然后安慰自己：我值得的，不必自责。于是过了一段时间，又多了一个对自己的不满意：为自己的自责而自责。总之就是对自己不满意。

2. 自律，不是不断下决心和自我强迫

他们其实搞错了一个事情：他们总觉得只要不断下决心、不断自我强迫就可以完成自律。总觉得通过自律，就可以对自己一系列罪恶的事情完成救赎。但实际上通过自我强迫的自律，无异于永动机，无异于左脚踩着右脚上天，里面没有新的能量注入，完全是不可能实现的。

真正的自律来自奖励。

我有时候也会痴迷游戏。有段时间，我因为过度痴迷把游戏卸载了。我以心理学工作者的身份问自己：我为什么会这

么讨厌自己沉迷游戏呢?

客观来看,我不是每次玩游戏的时候都会责怪自己。于是我开始思考:什么时候沉迷游戏我不会责怪自己呢?

如果白天教了一天课,我晚上就会玩一两个小时。如果连着上完几天课,我会玩到很晚,早上也不早起,躺在床上接着玩。如果我写完一篇文章、录完一个音频课,我要玩几局游戏,然后接着工作。

我总结了下工作时玩游戏的自己:如果我在工作完一个阶段后玩游戏,就玩得心安理得。如果我几天没工作,玩游戏就会很自责。

这两者有本质的区别:工作完一个阶段后再玩游戏,是对自己的放松与奖励。这时候玩的理由就很正当。长时间没工作却还在玩游戏,其实是在逃避要做的事。这时候就找不到心安理得玩下去的理由,就越玩越空虚。

我发现,我是否自责,无关游戏的时间长短,而是取决于我玩游戏之前都干了什么,取决于我是否有正当的理由。

玩游戏真的产生不了什么实际价值,越玩虚度时间感就越强。这时候就要自责,自责了就会焦虑。焦虑的意义就是,幻想我马上就去做产生价值的事。通过幻想,就可以缓冲无价值的空虚感了。这时候的自责,是对自己空虚感的一种保护。

你把追剧玩游戏当成一种奖励的时候，你就容易感觉到满足而停下来。你当成错误的时候，你就会更加消耗自己更想逃避。

3. 我猜你也应该一样

如果你今天过得很充实，做了很多事情，觉得有点累。给自己一个放松追剧的理由，就觉得很开心很坦然。但如果你今天什么都没干，荒废了一天，觉得有点心虚。这时候你还娱乐追剧，就会因焦虑而开始自责。

娱乐就是这样，这段时间你觉得做了很多有意义的事，你就玩得心安理得。这段时间你没干出什么成绩，你就玩得自责。

追剧的时候会自责，并不是因为追剧本身在浪费时间，而是因为自己此前没有做有意义的事，自责是对这段时间的自己不满意。你处在焦虑里，总觉得应该花时间来改变自己，不应该花时间来娱乐。你在其他时间里没有找到意义，在追剧里也没有找到意义。你对自己已经有很多不满意，这些不满意就集中爆发在追剧这件事上。

这像极了一个挫败的妈妈因为孩子犯了一个小小的错误，就发了很大的火。其实是妈妈最近糟心事实在太多了，孩子的错只是一个出口而已。

娱乐也是这样一个出口。当你对最近的自己不满意了的时候，只要不是在上进，你做什么都会自责的。聊天、上网、发呆、或干别的，你都会觉得罪恶感很强。

你的潜意识里，深刻写着几个信念：

人应该上进。

人应该做有意义的事。

时间应该花在有意义的事上。

追剧、玩游戏等娱乐都是没有意义的事。只有能产生实际价值的、有利于未来的、对的"正事"才是有意义的。

换言之就是你认为："我应该不停地创造价值，一直变得有用，一直保持进步。如果没有，我就要骂自己。什么事阻止了我上进，我就骂做了这件事的自己。"

4. 怎样才能在娱乐的时候不自责

因此，怎样才能在娱乐的时候不自责？有三个方法：

① 先做真正能缓解焦虑的事再娱乐

去工作、读书、健身、陪伴家人，做自己觉得有价值、有意义的事。

在实现一个小目标，完成一个小任务的时候，奖励下自己，追两集剧。在实现一个大目标,完成一个大任务的时候,再奖励下自己,追一晚上剧。

这时候追剧就成了辅助你成功的方式了。它成了你自我调节的一部分,帮助你劳逸结合。这时候你也会发现因为你的初衷是奖励而非逃避,就知道及时停止了,你处在正向循环里。

如果你追着追着剧自责了,就去做事,效率低没关系,去做你认为的正事,就不自责了。

想明白这件事后,我就重新下载了喜欢的游戏。我发现工作完后,除了游戏,我实在不知道拿什么犒劳自己。

② **接受无意义的生活**

不工作、不做有价值的事也是无意义,追剧也是无意义,人生干吗非要有意义。当你觉得生命就是用来虚度的,追剧就成了你众多虚度方式中的一种,就不自责了。

或者你可以思考:到底是谁在责怪你呢?谁在要求你必须去做有价值有意义的"正"事呢?事情哪来的正邪之分呢?谁定义了追剧就是没意义的事呢?

③ **赋予意义**

把追剧变成一件正事、有意义的事。比如你是个新媒体工作者,要追热点,你就要追当下热播的电视剧。

娱乐也可以间接成为促进你进步的一部分。比如要跟同龄人有点共同话题，就要玩玩游戏。你要和办公室的人有话聊，要有谈资，就要看大家都在看的电视。这时候一件你觉得没意义的事，就有了意义。

如果非要说意义，享受狗血剧安慰下自己狼狈的生活，也是意义。

5. 什么才是真正的自律

自律不是强迫自己要这样，要那样。自我强迫会让你迅速耗竭，更想逃避，继而更不自律，进入负向循环。

真正的自律，是懂得及时奖励自己。在完成一个小目标后允许自己放松，对自己进行适时奖励。做完了一个项目，出去度个假，就会玩得很爽。回来后，就更有精力做下个项目了。还有个工作没做完就先做完，再出去玩，就玩得比较坦然。

及时的放松和奖励，让人精力得以恢复，信心得以增强，从而实现了自律。自律是精力和信心满格的结果，不是过程。

健康的人生就是有时候有意义，有时候没意义。有时候充实，有时候虚度。

自责或指责都是偏执的表现

我们的成长课常常会出现两种人：一种喜欢自责，一种喜欢指责。

1. 喜欢自责的人

喜欢自责的人擅长找出自己的失误，容易体验到的情绪是内疚。他们通常会有这样的信念：

如果我没有满足你，就是我不好。
如果你因为我不开心了，就是我不好。
如果你不开心了，不管跟我有没有关系，我都会觉得我不好。
如果事情没有做好，就是我不好。
如果事情没有达到你的预期，也是我不好。

我跟一个同学做访谈的时候，发现他在工作中的信念有：

假如同事有急事找不到我，就是我的错。
假如我不在，有事情处理不好，就是我的责任。

假如别人批评我,就说明我不好,我会很难受。

我要去北京上课,就要把工作交代好,如果没有交代好,就是我不好。

听到这些想法的时候,我调侃他:"你真是神一样的存在,请拿走我的膝盖。你的志向如神一样的完美,我只能远远崇拜。做不到 100 分,就是我不好。他人出了状况,就是自己不好。这说明你的期待是自己能像神一样完美,不能出任何差错。"

把一切不好的结果都归结为自己的原因,会让自己体验到强烈的负罪感和满满的自我攻击。大量的精力用于处理这些自己跟自己的战斗,剩下的、能处理外面事情的就变少了。因此,自责不是一种有利于处理事情的方式。

2. 喜欢指责的人

喜欢指责的人擅长发现别人的问题,容易体验到的情绪是愤怒。他们通常会有这样的信念:

如果你没有按照常理出牌,就是你的错。
如果我不开心了,就是你的错。
即使我错了,那也是因为你的错,或者因为你错在先。
你没有做到 100 分,就是你的错。

总之都是别人不够好。

有一个主管，他交代了一个任务，结果下属没执行，他暴怒。他觉得：

交代了你们还不做，就是你们的错。
有意见不提出，还不执行，就是你们的错。
答应了还不做，就是你们的错。

听起来好像无法反驳。我就问其他人，假如你们是他的下属，你们会有什么感觉？然后他们一致觉得：累。这个领导要求太高、苛刻、霸道、变态。这个主管吓出了一身冷汗，他说自己从来没有正视过自己的这一面。

道理是没问题的，但这种处理方式会导致他人的配合更加消极，显然不利于继续推进工作。

喜欢指责的人，其实是把他人当神了，总觉得他人应该把该做的都做好，不应该出差错。

3. 自责与指责的本质

无论是自责还是指责，本质是一样的：你把产生现状的原因和责任归结为一方，而且这一方要承担全部的责任。即全部都是我不好，他没有问题；或者全部都是他不好，我没有问题。

当我这么归结的时候，你可能会发现：不可能。因为根据常识我们就知道,责任是双方的,是多方面因素综合的结果。

把责任归结为一个因素,且夸大到了100分,执着得不可自拔,并调动了全身的情绪来维护这个单一的想法,这种思考方式就是:偏执。偏执会单一地、线性地看待某个问题,且只能从自己的角度出发,所以成语故事《盲人摸象》中那几个摸象的人会争执起来,其实他们说得都有道理,只是不全面,不客观。

关于成熟,有一个标准就是:我们能够客观地、全面地、多角度地看待一个问题。我们知道像柱子的、像蒲扇的、像墙的那个东西都叫大象,这叫成熟的认知。

对于一个现状的归因和责任,有三个维度可以去思考:自我、情境、他人,而且必然是这三个维度同时存在才叫全面。也就是说:一个现状的产生,一定是我、你、环境同时造成的,这三方各占一定的比例。而且,任何一个元素的改变,都可以导致结果的改变。

自责的人,忽略了他人和环境的因素,只能偏执地找到自己的原因。

指责的人,忽略了自己和环境的因素,只能偏执地找到别人的原因。

当你陷在某种情绪里的时候,你需要试着找出另外的因素,让自己的内心找到一种平衡。

4. 既是我的错,也是你的错

对喜欢自责的人来说,如果你做到了 100 分,你很好;如果你想做到 100 分但没有做到,也不全是你一个人的错。人不可能绝对控制结果,当有两个及两个以上的人共同参与时,你们就在共同决定了。如果别人不配合你、耍赖、懒,你也不需要为结果的不完美承担全部的责任。

有同学的孩子感冒了。她的妈妈就指责她连个孩子都照顾不好,都是因为她没有及时给孩子穿厚衣服给冻着了。然后同学就很自责,觉得都是自己的错。其实她还需要意识到:妈妈的指责,除了自己不够好,也是因为妈妈太挑剔、要求太高。谁能方方面面照顾好自己的小孩呢?

同样,对于喜欢指责的人来说,对方没有做到 100 分,你也负有不可推卸的责任。比如这个主管,员工没有做到 100 分,你要思考,你作为领导有没有提供安全的环境。你自己承诺了就一定会做到吗?还得考虑情境:你发布命令的状态、强度是怎样的,任务的难度是怎样的,团队的默契和合作程度是怎样的,公司的文化氛围是怎样的。

总之,当错误出现时,不要一味地自责或指责,要意识到这既是我的错,又是你的错,还是情境的错。在一个系统中,我们需要跟着系统的动力去走。每个人都是尽力而为的,但也都无法掌控结果。

小孩感冒了，对这个同学来说，她一定是已经竭力照顾好孩子的。对指责她的妈妈来说，看到外孙女病了她很焦虑，她就只能挑剔女儿来安抚焦虑。

每个人都没错，因为每个人都是有限的。

5. 合理化地归因，可以避免陷入情绪的旋涡

偏执的存在是有意义的。

偏执的思考可以让人获得潜意识里某种自恋的快感。通过自责，你可以体验到一种自恋的满足感——只要我自己做些改变，我就可以改变一切结局。通过指责，你可以体验到另一种自恋的满足感——我对你们拥有至上的权力，只要我要求，你们就可以配合我，完成我期待的事情。

这两种自恋都是婴儿般非常原始的状态，简单粗暴。但理性上来说，如果你的目标真的是想让事情做得更好，你就要进行客观的归因，责任的合理化。合理化地归因，可以让你避免陷入情绪的旋涡，避免过多的压抑和愤怒，也会让你更加客观理智地看待问题，从而改变现状。

你可以改变自己，改变他人，改变情境，以让系统动力发生改变，让事情向好的方向发展。不需要全部改变，你改变其中任何一个因素的时候，就会发现系统动力随之发生转变。

比如说在亲密关系中，你跟伴侣产生了分歧。如果你找到了自己的原因进行了改正，对方反抗你的部分就会减少、一致性沟通的概率就增大，问题被解决的概率也就大了。

如果你发现改变对方比改变自己容易，那你就用你的温柔或愤怒来让对方改变，一致性沟通解决问题的概率也会增大。

如果你发现你也不愿意改变，对方也不愿意，那你就创造一个容易改变的情境，比如说一起去泡个温泉、跟对方一起度个假，或者找一个轻松的环境摆脱工作压力的影响，这样的情境下问题解决也会容易很多。有时候情感之外的其他诸如工作压力之类的因素，也是会影响关系的情境。

6. 做出改变的方法

做出改变其实很容易。如果你的模式是习惯自责，那你可以练习找找他人和情境的责任，避免偏执。如果你的模式是习惯指责，你就要找找自己和情境的责任，避免偏执。

首先你要知道：你的目标是什么？是要解决问题，还是要跟着自己的感觉体验一种自恋的快感。前者是一种成熟的理性，需要克服一些惯性的阻力。后者很熟悉，跟着情绪就可以让思维滑向习惯的地方，然后继续陶醉。

陶醉于自责或者指责，就像是回到了小时候的梦乡一样，在那里你不曾长大，在那里你不必成长。

不介意被指责的 2 个方法

1. 改变别人，是一件很难的事

你有没有被指责过？比如有人说你差，说你做得不好，长得不好，性格不好，审美不好，这里以及那里都不好。

你因此很愤怒，也很委屈。他说得对也就罢了，可他纯粹胡说八道，一点都不了解你却对你指指点点。你根本没有他说得那样差，他凭什么指责你。

但嘴是他的，他的话经由他的大脑控制，而不是你的。你可以说：他说什么我不管，关系到我就是不行。很遗憾，无论是否关系到你，嘴都是他的，不受你控制。当然，你的嘴是你的，你也可以自由表达关于他的一切。

改变别人是一件很难的事。所以，与其费力抱怨别人凭什么要指责你，不如思考：你为什么这么介意别人的指责？别人的指责是怎么影响到你的？

有时候你改变不了他人，但你可以试着改变他人对你的影响。

2. 每个人都有一套属于自己的评价体系

别人的指责之所以能影响你，是因为你想观点统一。

举例来说，你长得好看还是不好看，谁发表意见，谁就在用自己的标准评价。同样，你做得对还是错，性格是好还是坏，每个人都有自己的评价体系。把事实放在自己的体系里，就会得出自己的结论。因此，客观上是不存在好坏对错美丑的，只有有了评价体系，才有答案。

你有自己的一套评价体系，别人也有。这时候，同一件事，因为评价体系不同，得出不同的结论就太正常了。你觉得对方在胡说八道不讲事实，可是他可能觉得自己讲的就是事实，反而觉得你掩耳盗铃，无法面对真相。那你们两个到底谁才是对的呢？

他认为你很差，应该改。你认为自己很好，不需要改。这是经由两个体系评价的结果，没有对错。就像大家看到同一个苹果，有人觉得大，有人觉得小。到底谁是对的呢？他们需要说服对方吗？

所以其实别人怎么看你，跟你怎么看自己，只是两个彼此独立的观点。如果你对别人发表的看法很愤怒，问题就成了：

你为什么想说服他接受你的观点（认为你不差）呢？

为什么他只是在坚持自己的观点（认为你很差），你就会愤怒呢？

因为你的世界很小，小到容不下两个视角，于是你想通过武力或和谈的方式统一。就像两个国家的人民采用不同的语言文字、不同的度量衡，其中一个国家的觉得很不方便，就想把另外一个国家的给统一了，然后使用自己的度量衡和语言文字。

3. "我不被喜欢"是个糟糕的事

那你为什么非要完成两个人观点的统一呢？你为什么非要让他的看法跟你一样呢？这对你有什么好处呢？

一件没有任何好处的事，潜意识是不会推着你去做的。表面上看来，你有很多理由：自尊的需要、赢的需要、价值感的需要，仿佛只有统一了对方的想法，你才能得到这些。可是让我们进一步感受：你希望得到这些的目的是什么呢？

改变别人对你的看法好处之一就是：亲密。你要认同我的观点，你要自觉地向我靠拢，这样我们就能更亲密了。

一个人对你的否定，你的潜意识感知到的是：他不喜欢我，他抛弃了我，他不想跟我相处了。这对你来说个很糟糕的事情，你需要马上制止他的抛弃。所以你选择了统一观点的方式来避免。

听起来很诧异：我想要与一个讨厌的人亲密吗？我在害怕一个陌生的人抛弃我吗？

是的。也许你并不喜欢他，这不影响你介意他不喜欢你。你不喜欢他只是一个故事，而他不喜欢你则是一个事故。你不喜欢他，你可以指责他，抛弃他，离他远点。而他不喜欢你，则会激活你被抛弃的创伤点，让你再次情景再现到小时候。

"我不被喜欢"是个从小到大发生过太多次的事了，以至于你对此很敏感，不想再接受一次，哪怕对面这个人对你没什么影响。你介意的不是被这个人不喜欢了，而是不被喜欢的感觉。

你的潜意识里真正想要的是：我值得。至于我要不要，那是另外一回事。

当你想反抗被指责，其实反抗的也是这种不被喜欢的感觉。对面这个人，只是替罪羊而已。

不介意别人指责你的方式之一就是：不介意他是否喜欢你，允许他就是不喜欢你。

4. 你对自己，有自己的看法吗？

对于他人的指责，一个相对比较健康的处理方式就是：尊重。别人对你有一个看法，你对你自己有一个看法。你可以不认同他,但也不必反驳他。你们两个看法不一样,也互不干涉。

这就意味着你需要一次次承认:是的,我就是不被一些人喜欢。很遗憾,我的长相不对他口味,我的性格、我的作风、我的能力、我的种种都和他的审美不匹配。他就是不喜欢我这一款。我要允许,我在他的世界里就是一个糟糕的存在。

渴望统一他人观点的人,潜意识里也在害怕被别人统一。对方的指责,其实也在表达一种你要跟他统一的需要。如果你自己不强势一点,你的潜意识里担心他说的就是对的了,为了证明你还有自我,你必须要大声并大力制止他继续输出自己的观点。所以反抗被指责的第二个好处就是:维护自己脆弱的观点,害怕对方说的就是真的了。

尊重的意思是:我不改变你,我也不改变我自己。我不仅尊重你,我更是尊重我对自己的看法。我并不是被他的观点统一了。我依然有我对自己的看法:在我的视角里,我是好的。和你不同而已,都对。

我经常遇到一些不喜欢我的异性,包括:觉得我没有稳定的工作,父母没有退休金,长相不好看,没有肌肉感,性格木讷,中午起床特别懒散……虽然我也没想跟她们在一起,但不被喜欢的感觉还是会刺痛我。直到我开始接纳自己的平凡,并意识到:是的,这些姑娘就是不喜欢我这一款。那我是差的吗?显然不是,有另外一些姑娘觉得我自由洒脱,还有一些姑娘觉得我这不够肌肉感的身躯反而是舒适的。

重要的是，无论别人怎么看，我都可以有属于自己的看法：我也喜欢健硕的肌肉，可是我没有，这一点的确不够好，但没那么糟。对我来说，男人更重要的是他的脑子，而不是有几块肌肉。至于稳定的工作，我有自己的定义，那就是能力就是稳定，而非公司。

当你开始尊重自己的看法，你就不怕被别人统一了。这会让你更能看到人与人的不同，是可以同时存在的。

允许别人拥有独立的自我也恰恰是你独立的表现。因此，不介意别人指责的方式之二就是：知道并允许自己的看法和他不一样。

5. 如何亲密

尊重会让你轻松，但也会让你孤独。当你对自己有一个看法，他对你有一个看法，你们那一刻没有联接。你在你的世界里，他在他的世界里，你们失去了交集。你维护了自己的看法，但却会失去这段关系。对面的人你不在乎也就算了，可你在乎的话，这并不是你最想要的结果。

你当然可以既维护自己的观点，又得到亲密。方法就是：假统一。

如果你很想跟他亲密、联结、共生，你只要用心去承认他说得对，他就会感觉到自己的看法被你看见了，他就会产生跟你亲近一点的感觉，你们就有联结了。

这不意味着你认同了对方说的就是事实。而是你承认，在他的角度里，这就是他的事实。你的角度里，你依然可以有自己的看法。

一个姑娘跟我说：泰国很美，想去泰国玩。我觉得泰国很糟糕，但我依然可以承认在她的世界里泰国是很美的，并发出"可以一起去玩，看看美景"的邀请。一个姑娘吐槽我"特别懒"，我可以大方同意她在她的世界里早上十点还不起床就是很懒，这不影响在我的世界里我认为这无关于懒不懒。

这里面需要破除的一个恐惧就是：对方不喜欢你的某个点，不代表不喜欢你这个人。

你们不必在所有时候、所有地方都亲密，你们只要在观点一致的地方、观点一致的时候亲密就可以了。

关于愤怒,你可能有个错误逻辑

1. 别人对你愤怒不是你的错

当别人对你发火,你可能有两种反应:

当你也觉得自己错了,你就会愧疚、自责、羞耻:"你说得对,我的确不应该做错。"

当你觉得自己并没错,你就会委屈、恐惧、愤怒:"我又没做错,你凭什么对我发火?"

这两种情况的本质就是潜意识的逻辑"你对我发火,就是在说我错了",所以"只有我错了,你才能对我发火。如果我没做错,你就不能对我发火"。

我在给很多企业做培训的时候,遇到最需要情绪管理的就是客服。他们经常被客户骂,却不能回击。有些客户明显是无理取闹,自己的要求不合规定还要对客服发火。这些客服就很委屈。还有些被领导无端训诫的下属们也经常这样,满腹委屈、哭鼻子,觉得自己没错,为什么要被领导骂。

以前没有觉察的时候，我也有这个逻辑。我在写文章的时候，经常被读者骂。骂得我很不爽，在内心愤怒地对着他们大喊："我说错了吗？""错了吗？""你看明白了吗，你就骂？"

其实怕被指责的人，通常不是因为无法接受别人的愤怒，而是无法接受别人用愤怒否定自己。可是作为成年人，你扪心自问：你愤怒的时候，真的仅仅是因为觉得别人做错了吗？愤怒和对错，有那么大的关系吗？

2. 愤怒是向下的

我们只有去理解愤怒是如何形成的，才可能应对别人的愤怒。一个你可能很少思考过的角度就是：愤怒是向下的。在一个系统中，愤怒会自动从较强的一方流向较弱的一方。如此你就可以理解很多种愤怒了。

比如在家庭生活中，父母会因为小事而对孩子发大火。通常是因为父母心里有团火无处可发，所以要流向更弱的个体。孩子比父母弱势，愤怒就更容易从父母流向孩子。但如果爸爸妈妈不是特别威严的人，孩子长大的过程中就能感知到他们的软弱，就会成为"熊孩子"，对父母发泄愤怒。如果爸爸妈妈非常强势，小孩子被骂后内心的愤怒无法倒流，就会虐待小动物。这就是"踢猫效应"。因为猫比孩子弱，所以愤怒就流向猫了。但是，猫错了吗？我们看到很多触目惊心的虐待动物、报复社会事件，其实是因为制造事件的那些人内心的很多愤怒无处发泄。

再比如说客户会对客服发火，很多情况下不是因为客服做错了什么，而是客户心里有团火，发给客服最安全。客服认为"客户是上帝"所以不敢反驳，好巧，客户也这么觉得。客户也觉得客服相对于自己是弱势的。

有时，领导对员工无缘无故发火，不是因为员工真的做了很过分的事，而是因为领导在系统中是员工的上级。这些角色给了领导强大的位置，让他觉得，对员工发火更安全。

打老婆的男人，是因为在社会上他本身是弱者，愤怒无法流动，他们只有到了老婆面前才强大了点。伴侣关系中的其中一方发脾气，也是因为吃定了对方离不开，因为被偏爱而有恃无恐。

愤怒是从强者流向弱者的，并非从正确流向错误。但是系统的能量流动，总得有个表现形式，这个外在的表现通常会以对错为寄托。对错只是寄托愤怒流动的形式，而非本质。

强者不一定是客观上的强。只要他潜意识里那一刻认为比你强大，他的愤怒就会流向你。你能回击是另一回事，那说明你有愤怒能力，那一刻你认为自己比他更强。

3. 平等 VS 等级

人与人之间的模式有两种：平等模式与等级模式。

① 平等模式的系统核心是尊重

在平等模式中，我们彼此平等，大家只是社会分工不同，但人格绝对平等。在家庭系统中，我可以赚钱比你少，干活比你少，但我们人格平等。在工作系统中，我可以职位比你低，权力比你小，但我们人格平等。

"平等"两个字说起来容易，但是实现起来对人的理性和品格的要求都非常高。多数时候，人都会因为自己赚钱多、有户口、本地人、学历、成绩好、职位高、认识某个厉害的人等条件无意识地有了权力感，会因为你更需要我、你爱我、你离不开我、我习惯了你对我好等有了权力感，从而进入了等级模式。

② 等级模式的系统核心是权力

大致上来说，领导比员工更有权力，父母比孩子更有权力，甲方比乙方有权力，消费者比商家更有权利，粉丝比明星更有权力，资源多的人比资源少的人更有权力，道德上风的人比道德下风的人有权力，懂得多的人比懂得少的人更有权力，做对的人比做错的人更有权力。当然这个不绝对，只是有的人站到这个位置上就会认为自己拥有了权力。

更有权力的人，就处于系统的上层，就更有"发火权"。

在等级系统中，权力方和权力相对方有两条关系线。明线："在事情上，你要按照我说的去做，在事情层面上照顾好我，不要给我添麻烦，要做对我有利的事，不然你就是错的。"暗线："在情绪上，你要接住我的愤怒并自行消化，要填补我在其他地方的无能感，在情绪层面上照顾好我。"指责者的愤怒绝不仅仅是来自被指责者，而是在另外一个系统里是个弱者无法回击，所以到自己是个强者的系统里重新流动了。

情商低的人，只能看到明线，吭哧吭哧做事情，执行任务，像个愣头青。情商高的人，能看到暗线，会把权力方的情绪也照顾好。所以情商高的人自然就比情商低的人混得好，低情商者则抱怨着：就会拍马屁，没什么真本事。

在家庭中，干活更多的那个人好像更高级，就自然具备了更大"发火权"。所以他干了很多活，你不一定要在明线上配合好他一起干活，你更需要在暗线上你老老实实接受他的批评和愤怒，这样你只需要听一顿脾气就可以少干很多活，整体来看是比较划算的。挣钱更多的那个人也是这种情况。

4. 怎么办

应对别人愤怒的方式，体现了一个人的情商。情商从低到高，对应的应对方式依次为：

① 委屈自己忍着
② 不想委屈杠回去
③ 不想委屈也不想冲突，所以逃离回避
④ 消化对方的愤怒

消化别人的愤怒不是你的义务，但可以体现你的情商。前三种不多介绍了，想必你已经很熟悉了。我们主要谈如何轻松消化别人的愤怒，成为高情商的成功人士。

第一步：区分。

首先你要知道：有时发火代表一种权力，无关对错。即使你是错的，只要你更有权力，你也可以在心理上成为优势方，而不会被发火。即使你是对的，只要你没有权力，你可能也会成为错的，而被发火。

因此，当面对别人发火的时候你就会知道：在他的世界里，他认为自己比你高级。当你能明白，发火有时与对错无关的时候，你就能进入情商的领域了。

第二步：评估关系。

你要问自己，自己评估下："我离得开他以及这个系统吗？"

如果你离得开，你就可以反抗了。你可以拍桌子、发火、争辩，花式反抗都可以。若你懒得反抗，你就拉黑、绝交、远离、分手。这几种方式，都可以让他的愤怒在你这里终止。

如果你离不开，那就需要情感隔离了。情感隔离，是应对愤怒非常好的方式，就是让别人的愤怒经过你，但不停留。你只要认清楚这个情绪跟你没关系，你就可以隔离掉了。他们只是在对这个角色发火，并不是你。这个角色换个人，他也会找理由发火的，跟你没关系。

人在什么时候离得开，什么时候离不开呢？

这就取决于你对别人的需要是否是刚需。孩子只能委屈自己，忍着，默默接受父母发火，因为孩子需要父母提供爱。员工只能接受老板发火，因为需要老板提供薪水和职位。学生只能接受老师发火，因为还得在这里上学。

当你不需要他人的时候，你就可以远离或反击了。当你需要他人的时候，就忍忍吧。

第三步：与自己的弱小和解。

如果你对别人的愤怒感到愤怒，通常是因为激活了你的"弱小"。对方觉得你弱，但你不想承认你弱。所以你要用愤怒来凸显自己的强大。

如果你愿意，你可以尝试看到并原谅内心那个弱小的自己。弱小是没有关系的，没有人是一直强大的，也没有人在所有人面前强大的。你可能也经受过别人无端的怒火，那时候你十分弱小，不得不认为是自己的错，然后拼命改正自己以消除别人的愤怒。但是现在不一样了，你可以睁开眼看到，其实在这个系统里你并不是一个弱小的人。你有很多方式可以照顾自己，你选择在乎关系，不代表你是被动无奈地承受。

第四步：去爱。

更高的情商，是消化别人的愤怒。

他人莫名其妙的愤怒，你最多有10%的责任。但是如果你看到他的愤怒来自别处，你就可以理解他。他对你愤怒，你还以抱持，他的愤怒就会逐渐消散，并因此产生愧疚，继而对你心生感激。

抱持不是忍让，而是以独立姿态，不带委屈地看着一个"宝宝"在那哭。等他哭完了，你用成年人的方式安慰他，告诉他：乖，你真可爱。

抱持，是一种情商。

消化别人的愤怒，不是你的义务，却是你的情商表现。不要抱怨别人为什么把愤怒情绪给你。你需要他，就要接受。不需要他，就离开。

不要抱怨别人为什么不接住你的愤怒，你要问自己，你能给他什么，让他愿意为你接住愤怒？

不要抱怨别人为什么不尊重你，你要问自己，你有什么资本,让别人尊重你?

如果对方是你在乎的人。那从积极的角度来说,其实帮助对方消化愤怒,可以安抚到他在另外一个领域里的受伤,这本身是一种爱。你不需要每次被愤怒的时候都去爱,但起码你要知道你想爱的时候可以怎么爱。

深度化解愤怒的 4 个步骤

1. 使用而非排斥愤怒

你愤怒过吗？

这个问题应该是白问的，没有愤怒能力的人是很难活到现在的。那你容易对谁愤怒呢？愤怒的时候，你在想什么呢？你怎么处理自己的愤怒呢？是习惯压抑，还是发泄？你最近一次愤怒，是什么时候呢？

对一些人来说，这个问题像是打开了话匣子，一谈起来就热血澎湃：对父母、伴侣、孩子、同事、客户、商家、路人，都有。愤怒可能渗透到你生活的方方面面，各个领域，不是很喜欢却很是日常。我想起的愤怒事件有很多。

对父母有很多愤怒。过年回家的时候，对父母最多的愤怒就是：能不能不要管我，不要这么唠叨，不要同样的一句话反复说。能不能别再教育我怎么做人，怎么生活，怎么度过我的一生，我不想听。

见咨询师的时候会生气：为什么我花这么多钱来找你，你都不能理解我？为什么你不能对我主动点？为什么你不能专业点，要像新手咨询师一样犯这么低级的错误？

甚至开车的时候，对路上那些插我队的人也很愤怒，会觉得：怎么这么没有素质！

有时候别人问我：你们心理咨询师也会生气吗？一般不会生气，就是生起气来不是很一般。

更气的是，即使你努力提升自己的修养，还是会有一些糟糕的人对你愤怒。他们把自己的无能感发泄到你身上，对着你一通挑剔、嫌弃、不满，然后你也跟着对他们愤怒。

一切证据都在说：愤怒不可避免。其实比起是否愤怒来说，如何应对自己和他人的愤怒才是更重要的事。

对于愤怒，有很多你很熟悉的应对方法：发泄、转移、压抑……我想谈另一种更加成熟的应对方式：升华。升华的意思就是把愤怒使用起来变成价值。比如说化愤怒为力量。升华还有一种表现形式，就是转化为对自己的了解、自我的成长。

愤怒，是你自我成长的绝佳点。被愤怒，是你了解他人掌控关系的良好时机。换个视角，你可以使用它，而非当成洪水猛兽。

2. 愤怒即需要

愤怒的表面意思就是：都是别人的错，都是别人不好。可是你有没有想过，别人的错那么多，为何你偏偏在乎这个？错的人那么多，为何你偏偏在乎他？他的错，跟你有什么关系？你为何如此介意？

有人说：愤怒，就是拿别人的错误惩罚自己。那人类为何要如此傻呢？这显然不符合上帝对人类的出厂设置。

你之所以这么介意愤怒，答案只有一个：他的错，影响到了你什么。如果没有波及你，你才不会那么介意他到底错没错。你觉得：如果他不这么做，我就不会受伤，就不会有损失。所以，他需要为我负责。简而言之就是：我需要你。

我想要得到一些什么，没有得到。我需要你为我的需要负责。这个得到不是指向于你的，而是指向于我的。

比如说，我对父母的愤怒。我需要他们不要唠叨，不要一句话反复说，这个不是需要，而是控制。因为这个是指向于他们的，我真正的需要是：自由、清净。自由就是，我希望能按自己的节奏做事。清净就是，我希望环境里没有噪声。

我需要他们做些事情，帮我得到这两样东西。

我会对咨询师的不理解愤怒。我需要他理解我，这个不是真正的需要，因为"他理解我"这是指向于他的行为。我真正的需要，是通过他理解我，得到一些有效的方法来安抚自己的困境。因此我真正的需要是：有用的方法。

我开车的时候会对加塞我的人愤怒，表面上我需要他们遵守秩序，这是指向于他们的，所以不是真正的需要。真正的需要是：如果他们遵守秩序了，我可以得到更多的时间。省下十几秒的时间，对那一刻的我来说是重要的。

因此，当你愤怒，你需要找到你真正的需要是什么：

你会找到一个表面的需要，这个需要在说你需要他做这做那。但其实这是控制，不是你的真正需要。

真正的需要，来自对方按你的期待做了后，其实你可以得到什么，这是关于你的，无关于他人。只是你的想象里，借助于他人之手你才可以得到而已。

3. 你要负责，因为我无能

我为什么需要你来为我负责呢？

表面上看，是因为这是对方的原因造成的，所以是他的责任，非常理所当然。

在父母面前，我失去了自由。是因为他们总是干预我的行为，进行冒犯的教育，所以我才不自由的，所以他们要做些改变，满足我对自由的需要。

我去找咨询师，因为我花了钱，他就应该给我提供有效的解决问题的方法。我还在困境里挣扎，这就是应该他负责。

我在马路上开车，很遵守秩序。是这个加塞的人导致我多浪费了十几秒的时间，所以他应该对我负责。

"谁的错，谁负责"，这似乎是每个人都应该默认的准则。对于那些擅长自责、忍让、讨好的人来说，我非常建议他们找出他人的责任来，要求别人照顾自己。只是有些时候，别人是无法为你负责的，即使真的是他的错，他也没有能力为你负责。何况，让他承认他错了本身就是个很难的事，"让别人知道他错了""让别人为他的错负责"，一个比一个难。

当让别人为你的需要负责比较困难、性价比很低的时候，你就要思考：你怎么可以为自己的需要负责。

你需要知道：你渴望他人为你的需要负责，深层次原因则是我自己保护不了自己，照顾不了自己，我无法对自己负责，所以我需要你来替我负责，你来照顾我。我们对别人的愤怒，都是对自己愤怒的向外转移。

因此，愤怒更进一步说就是：我需要你照顾我的无能。

我需要父母不要干预的行为、不要喋喋不休，以此让我获得自由和清净。实际上那一刻我自己得到这两样东西有困难：我既做不到屏蔽他们说什么，当作耳旁风，又做不到离开他们；我既想要他们的陪伴，又想要自由和清净，这些东西一起得到我没有能力。

我需要咨询师给我一些理解然后给我有效的建议，因为我自己挣扎了太久没有能力走出自己的痛苦。

我需要路人让着我不要加塞，让我省十几秒的时间。实际上是即使我焦虑，我也做不到紧紧贴着前车，也做不到对时间从容无所谓些。

当你没有别的更轻松更有效的办法满足自己需要的时候，你就会幻想着对方能给自己一些照顾。

你的愤怒在说：

我需要一些东西。

你别拿走了，求你。

你给我吧，求你。

我自己没有能力从别的地方得到了。

唯有你，此刻才是最好的满足我的渠道。

4. 你还可以做什么

让对方为你的需要负责，只是其中一条路，不是唯一的路。这条路走得通的时候很好，你可以坦然使用你的愤怒，要求别人照顾你。这条路走不通的时候，你就要想：我还有哪些方法，可以照顾自己的需要呢？

我需要自由和清净，我可以离父母远一点，这样我就得到了。可是我还想要陪伴，我可以去找能给我自由和清净的人给我陪伴。如果我就是需要父母的陪伴，我可以跟他们直接表达"此刻，我需要一些清净，这对我很重要"而不是"你能不能闭嘴别再说了"。

我需要一些解决我困境的方法，我可以直接跟咨询师表达"我需要的是一些能解决我××困境的建议"，而不是"你为什么总是不理解我"的指责。我也可以把这笔钱给别人，让真正能帮到我的人帮我。

我开车的时候很着急，需要节约一些时间。那我可以在车少的时候开快点省出这些时间，可以在安全范围内贴前车近一点避免更多的浪费，可以安抚自己的焦虑，省几分钟真的意义不大。我其实有很多方法可以照顾自己对时间的焦虑。

只是那些都需要动脑子，看起来累了些。

每次愤怒，都是在表达需要和无能。你有把这些动脑子的过程，当成是和自己和解的过程，更加理解自己的过程，自我分析的过程，那你就是有获益的。

为自己负责，也是个逐渐熟悉的过程。你可能习惯了在感受到无能的时候哭爹喊娘，希望别人负责，渴望被照料。但你需要慢慢熟悉，一个成年人，很多时候是需要自己为自己的需要负责的。

你可以抱抱那个可怜的自己，对他说，我长大了，我可以为你的需要做点什么，你不用再想着依靠别人。如此，愤怒就转化成了内心的力量。

5. 4个步骤

当你对某个人感觉到生气的时候，可以把它当作一次了解自己的机会。试一下这4个步骤：

① 找到你的期待。你希望对方怎么做？
② 找到你的需要。对方这么做，可以满足你的什么需要？
③ 找到你的无能。你自己照顾这个需要，有哪些困难？
④ 找到新的方法。你还有哪些方法可以照顾这个需要，为它负责？

这个过程中也许有点难，你可以跟他人一起讨论，在关系里互动会让你有更多想法。

愿你，内心拥有平和。

跟冷暴力一样可怕的,是吞噬一个人的欲望

1. 冷暴力

冷暴力的杀伤力非常高,比吵架还高。它主要表现在对对方没兴趣、不爱交流、逃避、情感淡漠、不关心,甚至不回应,没有性生活。对一切都表现得冷漠、平静而又无所谓。

夫妻关系中经常有冷暴力,一个人热情似火,而另外一个人冰冻成河。就像是《无问西东》中淑芬说的:"外人只看到我打你骂你,却不知道,你是如何打的我。你用你的态度无情地打着我。"

亲子关系中,很多人都看到妈妈责怪孩子,忍不住对孩子发脾气。实际上妈妈也承受着很多来自孩子的冷暴力。妈妈给孩子辅导作业的时候非常努力,孩子却怎么都不反应。他不认真、无所谓的态度,让妈妈感觉到学习和作业是她一个人的事。

日常生活中,我们通常只能观察到一个人的脾气差,却很容易忽视,这个人之所以在发脾气,是因为他在声嘶力竭地

呐喊，他只是想得到一点回应、配合，却怎么也得不到。他正感受到自己在被冷暴力。

冷暴力是一种体验。一个人不一定感觉自己在冷暴力对方，这不影响得不到回应的人感觉自己被冷暴力了。

冷暴力，是让人抓狂的。

被冷暴力的人经常说的是："你倒是说话呀。""不要逃避问题。"被冷暴力折磨的人，宁愿对方跟自己大吵一架。可是，进入冲突对他们来说都是奢侈的。对面不说话的人，只想静静不想你。

冷暴力的残忍之处在于，让一个人连人际关系中最基础的回应都难以得到。而关心、认可、尊重、理解，这些别人家正常的爱则变得更加奢侈。让你分不清你到底是跟一个人在一起，还是跟一个植物人在一起。

甚至你宁愿他变成植物人，至少这样你还能找到一点理由安慰自己。

2. 吞噬

被冷暴力的人，很可怜。

可怜之人，也有可恨之处。我们知道关系中所有的情绪冲突，无论你的体验里有多委屈，多责怪对方，原因归结为任何一个人都是片面的。

我无意为冷暴力的人开脱。逃避，绝对不是一种健康的关系解决方式。但我们依然要去追问：感情里，为什么一方喜欢逃避，习惯用冷暴力去处理矛盾。除了这人人格本身有问题外，也要看另一方做了什么，加剧了他的冷暴力。

解释之一就是不爱你了。如果你非常确认他就是不爱了，那你为什么要跟一个不爱了的人反复纠缠呢？这时候是你的自虐倾向，让你沉浸在被冷暴力里。

更多的时候我们更愿意相信，另外一个人即使冷暴力，也依然对你存在着爱。只是他承受着某一种压力，无法正面应对，不得不选择了逃避的方式来应对。这种压力很可能是：吞噬。

我在《无问西东》里看到一些细节：刘淑芬拿刀逼着，强迫许伯常和她结了婚。我没有看到淑芬有多爱这个男人，但我看到了她很需要这个男人。需要到没有这个男人就不想活的地步。得不到想要的男人固然抓狂，但对这个男人来说，就像是有个人粘在了自己身上一样，而且会粘一辈子，他体验到了被吞噬，他也很抓狂。

他们的互动模式就是：女人用力靠近，男人用力逃离。淑芬说："我把你的杯子摔了，你宁愿用饭碗喝水，也不愿意用我的杯子。"感情里，一个人逼着另外一个人用自己的杯子喝水，这是怎样一种共生的渴望。

有的人觉得这是因为他们一开始就不相爱。我倒是觉得，再相爱的人相处时失去了自己的空间，也想逃离。

吞噬，就是共生的渴望。就是总想拉着他聊天，说很多话。就是总想拉着另外一个人陪自己，做自己想做的事。就是总要求另外一个人谈心、倾听、陪伴、拥抱、性爱。就是当我们需要，就要求另外一个人必须给，不管对方是愿意还是不愿意。

我们不去评判这些事是否正常。即使这些很正常，一旦对方有了不舒服、不愿意，这就会成为索取，对方就会体验到没有自己的心理空间，就很有心理压力。就会体验到被入侵，被强迫，被吞噬，就想逃。对方没有办法消化这种压力，只能采用暂时性封闭自己的方式来隔绝压力。

这时候他的表现，看起来就是冷暴力了。冷暴力的重要成因之一，就是体验到了被吞噬。

3. 恶性循环

有吞噬，就有逃离。有逃离，就会产生冷暴力的体验。

交流少、情感淡漠，不一定是冷暴力。很多夫妻住在一起，各过各的，也很和谐，没觉得这是冷，更没觉得这是暴力，甚至觉得彼此不怎么打扰是一种美德。所以冷暴力客观上不存在，它只存在于主观体验。

那，冷是怎么产生的呢？为什么会有人体验到冷？甚至要用暴力来形容？对方给出的爱和回应都太少，你就体验到了冷。而自己不喜欢这种冷，就称对方暴力，进行指责。

所以冷的产生，是因为对热的渴望而没有热才形成了。不需要热，就没有冷暴力。

更进一步说就是：冷暴力，是因为两个人对彼此的需要不一致导致的。

妈妈陪孩子写作业，其实孩子没那么需要，妈妈更需要，这时候妈妈会体验到来自孩子的冷暴力。有的妈妈过于关心孩子来跟孩子联结，实际上孩子那一刻不想跟妈妈联结所以他会拒绝，这时候对妈妈就形成了冷暴力。

夫妻关系中也是如此，你很需要对方陪你、跟你说话、与你合作，但那一刻他不是那么需要你，所以他就逃避掉了。

那么问题就是：体验到冷暴力，到底是因为对方给的太少，还是因为你需求的太多？你这些需要，难道不正常吗？

这是个相对的存在，没有客观的标准，也不存在大众的标准，更不存在国际统一量化标准，更不需要去考究谁才是"正常"。两个人的世界里，只要你的需求大于对方实际能给的，你就会体验到冷暴力。

你需要得越多，对方体验到被吞噬的压力就越大。他就需要花更多的精力来隔离、抵御被你索取带来的压力，能给出的就更少。你体验到的冷就更大，需求也就更大，就更想去吞噬。

这就是冷暴力的循环。

冷暴力中，折磨一个人只是为了强行唤起他的关注。可这并不是正确的得到方法。直到有一天，有个人先绝望。然后就放手。两个人都还没放手，就还是有爱放不下。

4. 独立自我

感情中，一个人为什么会对另外一个人产生吞噬的欲望呢？

当你把一个人放在很重要的位置上的时候，就会同时也把所有的情感需求都压在他身上。也就是说，你越是在乎一个人，就付出越多，同时需求也越多。刘淑芬用自己的工资供许伯常读完了大学，她付出了太多。

妈妈越是重视孩子，也越是会在意孩子有没有回应自己。付出和需求，是绑在一起的。

你以为你是很爱他，什么都愿意为他做，什么都先为他考虑。但你也会要求他给你同样的重视。而他可能没有办法同样重视你，你就体验到了落差和被抛弃感，继而愤怒。为求得到，就产生了吞噬欲。

有的人觉得：感情不就是要把彼此放在第一位吗？妈妈不就是要把孩子放在最重要的位置吗？难道不重视对方，才是正常的吗？

不是这么极端的。正常人是怎样的呢？有时候把工作放在第一位，于是会为了工作，耽误了恋人的事。有时候会把社交放第一位，这时为了跟朋友出去混，就晾置了恋人的需求。有时候把游戏、孩子、购物、读书、睡觉等事情放在了第一位，就顾不得恋人了。

把恋人、孩子放在第一位是很重要的。但一直放在第一位的时候，就有问题了。

你的工作、购物、娱乐、游戏、睡觉、独处、爱好、读书，这些都是你的自我组成部分，都非常重要。你不能或不敢为了自己的这些事牺牲他人的利益，就把他人放到比自我重要的位置。当你以一种牺牲的姿态去爱，就丧失了自我。同时，你也就不允许他人在乎这些东西超过在乎你。

没有独立自我的人，也会吞噬别人的自我，不允许别人有独立自我。牺牲，就是没有自我。越是牺牲，越是吞噬。

一个随时在为工作牺牲的员工，他对老板的需求，一定是巨大的。所以不要觉得那种特别敬业的员工非常好，他能抱怨死你。妈妈越是为了孩子牺牲自己，就越是不允许孩子不听话，不允许孩子有自己的想法。

我们成长课里的学员中有一个妈妈，她对孩子充满了挑剔、愤怒、控制，并为此很是自责，却也无法自控。我们探讨发现，孩子的学习就是她最重要的事。她为了孩子的学习牺牲了太多时间、事业、精力。所以她对孩子是否在认真学习这件事，就充满了巨大需求，压得孩子无法喘气。

总是为另外一个人牺牲，不是伟大，因此产生的吞噬欲望，不是可怕，是非常非常可怕。

5. 有自我是非常重要的

重要之处就是，当恋人无法满足你的情感需求的时候，你还有其他部分补充你。你的世界有十样重要的部分时，有一样坍塌了，你的另外九样可以支撑起你来。但当你的世界里只有一样的时候，他不回应你，你的世界就坍塌了。

在感情中，一个人从来不应该是另外一个人的附属品。一个人更不应该用牺牲的方式，把对方放到比自己更重要的位置。当你有了自己的生活圈，有能力把自己的事情、工作、心情放在了第一位，你才不会吞噬对方。

当然，这里有个度。你的生活圈太独立，所有时候你的恋人都不在第一位了，爱就不会太深入。你虽然独立，却会孤独。

他没空理你,你也没空理他。他的压力解除,就会有多余的精力理你。所以降低甚至放弃被回应的需求,才能得到被回应。但这时候也只是得到一部分回应,依然得不到你渴望的浓度。

所以你还是要去思考:你为什么要这么高浓度的关注?

6. 怎么办

如果你在被冷暴力,你通过控制、指责、要求、理所当然等手段回应对方,是没有效果的,只会让他体验到更窒息,想离开你。你能做的,就是把你的重要、爱、在乎收回来一些,转移到其他的自我领域:美容、美妆、上课、学习、交友、工作、育儿、旅游、购物、约会、读书等。

当你有了自我,你的魅力就会增加。同时另外一个人体验到了距离,关系到了他舒适的距离之外,他就反过来找你了。不要为了在乎别人而失去了自我。换句文艺的话,就是:活出你的丰富性。

如果你觉得烦而冷暴力,你的逃避、沉默、反抗、隔离,会让对方更加剧折磨你。你也不要企图强迫自己回应他,满足他。你可以做的,就是帮助他发展出自己的生活,鼓励他出去。

我的母亲曾经非常折磨我。她觉得我出门在外很苦，她非常担心，吃喝拉撒睡都能关心个没完。那种担心，让我在看到她来电的时候都头皮发麻，还会被抱怨："你也不知道想我们，不知道给我们打个电话。"后来我就给她报培训班学习养生，鼓励她去广场舞认识新人。

现在的她，终于没那么多时间理我了。

最后，冷暴力的人不需要改吗？非常需要！前提是，如果他愿意。如果不愿意改变，那你永远要记住，关系中，谁痛苦，谁改变。谁需要，谁改变。

终结吵架的方式，就是使用它的积极意义

1. 生气不等于吵架

在关系中，有的人很怕对方生气。

比如有同学说，她偷偷给了娘家 2 万块钱，生怕老公知道了会生气。还有同学说，自己明明是出去喝酒去了，硬是说成了在加班，其实是特别怕老婆生气。也有同学说，其实自己不想做饭、不想走亲戚、不想拖地、不想跟对方沟通，但还是为了不让对方生气，不得不委屈自己忍着去做。

渴望做自己，又怕对方生气。在这两者中挣扎，只能有时候委屈自己，有时候偷偷摸摸做点自己。听起来特别累。每当这时候，我就特别好奇：害怕对方生气，其实是在害怕什么呢？

我得到一些概率较高的答案就是：会吵架。

然而他们不想吵架，所以宁愿偷偷去做某事，或忍着不去做某事，或强迫自己去做某事。

这里面其实有一个问题，很少被人思考：

如果对方生气了，你们一定会吵架吗？生气是一个人的事，一个人完成就可以了。而吵架则是两个人的事，需要两个人共同参与。对方一个人的生气，是怎么导致两个人的吵架的呢？

一个人生气，是吵不起来的。只有同时满足以下4个条件，吵架才会发生：

A. 对方生气

B. 对方生气的时候没忍住或不想忍要说话

C. 你也生气

D. 你生气的时候没能忍住或不想忍要还嘴

注意：只有这4个条件同时满足，才会导致吵架。是同时的关系，缺一不可。只要能切断这4个条件的任何一个，吵架都不会发生。

2. 不吵架的4条路

如何避免吵架？

阻断敌人的去路，通常要多设置几个埋伏点。避免吵架，你有4个切断点可以埋伏。在A上做切断，不让对方生气。方式有——

高度自律，

忍耐自己，

偷偷摸摸，

不让对方看手机，

不让对方看账单，

不去做自己想做的事，

强迫自己做不想做的事，

解释，告诉他其实不是那样的

……

然后 A 失败了，他还是生气了。这时候你就在 B 上做切断，企图让他憋住自己的气，不要说出来。方式有：

请他好好说话，

告诉对方他大声说话你害怕，

威胁他不好好说话的后果，

讲道理到他理亏觉得自己不该生你气，

……

从他人身上改变，可控度是比较低的。那你还可以考虑从自己身上改变，当然，这个可控度也不是很高。只要你改变 C 和 D 中的任意一条，吵架就不会发生。

从 C 上切断，就是思考：

对方生气，你为什么要跟着生气呢？

对方说你不好，对方吼你骂你，你为什么要生气呢？

为什么你会受不了别人说你不好，无法接受别人对你态度差呢？

你是炸药包吗，一点就着？

你是气球吗，一戳就破？

当你开始思考自己被激怒的原因的时候，你就把注意力回到内在，把被刺激变成对自己的好奇了，这时候你的生气就会降低，开始思考如何让自己变强大。当你内心强大的时候，自然就不会因为别人说你什么而生气了。

如果 C 失败了，你就是没那么强大，经不起指责，你也跟着生气了。那你还有第 4 个埋伏点——从 D 上做切断。

你可以忍着生气不还嘴呀，你可以主动去哄他呀，你不一定要还嘴说难听的话呀，你也可以冷战呀。这样的话，你们也不会吵架。

一共有4个切入口N种方法可以避免两个人吵架的发生。

3. 不是吵架让关系破碎

道理讲完了，你学会如何不吵架了吗？

还是很难做到。这都是治标不治本的方法。人之所以很难做到，一个重要的原因是潜意识认为没那么重要，不是非做不可。人们对吵架其实有个矛盾的认知：一方面，认为吵架很可怕，所以要努力避免；一方面，认为吵架也没什么，不想忍的时候就可以吵。

怕吵架的人，潜意识里有个信念：吵架会伤害自己，会伤害对方，会导致关系破碎。

我的看法是，别再让吵架背锅了。吵架的时候的确会说难听的话，会情绪激烈。然而，是吵架伤害了你吗？

对方对你有不满意，有不认可，而你无法承载这个不满意，你就受伤了。所以真正伤害你的并非吵架，而是你无法承受别人的不满意。你想在B上做工作，想阻止吵架。好像他不说，不满意就不存在了。

吵架会伤害对方吗？会，对方受伤的原理和你受伤相同。但关系里有点伤害无非是磕磕碰碰，在所难免。过于避免这些伤害的时候反而会很累。

人更担心的其实不是伤害对方，而是被离开，是关系的破碎。退一步讲，如果吵架后你们关系破碎了，你以为真的是吵架导致的吗？

并不是，关系破碎的真正原因是一方对另一方已经没有太大吸引力。借着个吵架，一方终于有了理由，顺势逃了。吵架只不过是把你们不能容纳彼此缺点甚至不能容纳彼此不同的暗礁给呈现出来了。因此，是吵架让你们彼此更真实了。

只是，吵架比关系的暗礁更容易被观察，所以你就简单粗暴地认为——都是吵架惹的，不吵架就不会破碎。实际上，不吵架不满就会偷偷发酵，有一天关系就会直接破碎。吵架，反而让你们有了解决差异和不满的机会。

小时候，你的父母总是对你不满意，扬言要不爱你了。你总觉得，他没有不满意了，你就可以被爱了。小时候，你的父母关系不和，经常吵架，甚至扬言离婚，你就以为如果他们不吵架，他们就幸福了。

你长大了，需要意识到忍着不吵架只是掩盖关系中的真正问题，并不会解决问题。

4. 吵架是尝试拯救关系

现在你要知道：吵架本身不是问题，是有了问题才吵架。

即使通过吵架关系破碎了，也是因为觉得内心不满的问题无法被解决而离开了，并非因为吵架本身。

要避免别人不满意，避免关系破碎，避免被离开，你就要面对问题，而不是掩饰问题。你要解决的问题是彼此的不满，而不是吵架。吵架只是双方尝试解决彼此不满的方式，本身不是问题。

所以，吵架是因为两个人都在尝试拯救关系。

把不满说出来，比表达不满的姿态更重要。别太在意吵架的姿态、语言、态度。别介意是小声慢吼，还是大声急吼，重要的是把内心不满都说出来，即使那很难听，即使那不合理。

有人说：有不满没关系，但你能不能跟我好好说话，干吗非要吵架呢？

我觉得，这个要求不是一般地高。一个人在表达不满的时候，是很难注意到姿态是不是难看的。人家都饿坏了，你还要求人家注意吃相？未免苛刻了点。

吵架可以帮你收集到对方对你所有的不满意。这个虽然难听点，有点负能量，但是很有意义。这个过程就像刮骨疗伤，虽然很疼，但是很有用。你跟一个人生活，你总不能掩耳盗铃，通过不去知道他的不满，来假装他没有吧？

同时，你也可以表达你的不满。不管能不能被解决，起码说出来，你的心情会相对舒畅些。你跟一个人生活，有很多不满意，总不能自己一直憋着，让他跟没事似的一个人快活吧？

吵架，就是你们解决彼此不满意的开始，然后看看大家能不能想办法解决。能解决就解决，不能解决就散伙，散不了伙就拖着——起码，你知道你们的问题在哪了。

5. 健康的吵架

我想强调的是：你们说出不满，是第一步。只有不满，没有处理，就是二次伤害了。所以，解决不满，才是解决吵架的终极方案。

健康的吵架分为两步：

① 把不满都说出来。

② 处理彼此的不满。

害怕吵架的人，一步都不敢走，只想让对方忍住别说别做，或自己忍住不说不做。毕竟，回避吵架，比解决不满要简单省事多了。

你要知道——关系多风雨，有关系就会有不满。有不满并不可怕，可怕的是，不敢面对不满。

好的关系，不是不吵架。而是吵完后，能说出另外一句话：哦，原来你对我的××不满。然后讨论这个不满。

如果你想破坏关系，就把自己当小孩

1. 你的老板只是老板，不是你的妈

在我们工作坊里，一个同学讲了自己的委屈：领导对我总是不满意，我很受伤。即使我做得很好了，他还是对我不满意。

我问他：当他对你不满意，你做了什么呢？

他说：有时候据理力争，有时候强忍着改。可是无论我怎么改，他还是经常不满意，我特别累。想换工作，又不舍得这么好的待遇。

我问：那你的期待是什么呢？

他说：我做得不好的时候，他可以温和地指出来。我做得好的时候，他能对我表达认可。

这个期待就很有趣。"做得好了，就对我表达认可"，这是移情了对妈妈的需求，是一个"我这么乖，你要对我满意"的逻辑。工作关系显然不是这样的，在工作中，是用金钱、福利等方式来表达认可的。

工作的本质本来就是我给你钱，你给我干活。其他的满意、认可、尊重等情感需求，都是工作之外附加出来的情感福利。

你需要领导在情感上也满足你，那一刻，你就把他当成了妈，把自己当成了小孩。而这个领导不愿意给你当妈，你就受伤了。

2. 谁也不欠你的

每个人都有心理需求。

有的人会在亲密关系中索取情感满足，这是最直接、最浓烈、最理所当然的地方。

在心理上，你需要他重视、认可、尊重、满意、接纳、欣赏、关注、亲密等需求的时候，就把对方当成了心理上的父母。仿佛他有一个乳头，对你进行心理的补给。而你是个婴儿，张嘴，喝奶。

亲密关系的本质，就是想找个人来给我喂奶，满足我的情感需求，填补我的内心匮乏。所以那些"找个能把你宠成孩子的人"理论，才会那么火。这样的鸡汤说出了人内心的真实需求和愿望。

然而把自己直接当小孩会让人有羞耻感，所以人不能直接意识到。这时候人喝奶，就要无意识地进行。我们就会通过指责、抱怨、讨好、讲理、忍耐、冷战等种种手段掩饰自己婴儿的需要，进行奶水的吸吮，甚至会利用自己作为领导、父母、伴侣等便利身份，趁机索取情感，强迫对方给我们喂奶。

这个同学的领导就是如此，他趁工作职务之便，疯狂表达不满意，超出了工作本身的不满意，有发泄私人情绪的嫌疑。

这个领导的潜意识可能在说：我就是要找碴，对你不满意，我就是要让你看看，我多厉害，多聪明，多重要。

如此，你就知道那一刻，领导在索取认可和重要。而这个同学，在索取满意和重要，两个人在心理层面上争相当小孩，持续下去，你就知道后边是谁赢了。

我并不是说，在工作关系及其他关系中不应该当小孩。而是你要知道：你有情感需求，这是你早年匮乏所致，你可以期待在工作关系中获得，但要清楚，满足你的情感需求不是领导的义务。

他愿意给你当妈，对你表达满意，是你的侥幸。他不愿意表达认可，只愿意给你钱，这也是他的本分。

3. 高情商，就是愿意给别人当妈

关系的本质，就是两个字：要与给。也就是索取与付出。

人生就是舍和得，功夫就是攻和守，生意就是买和卖，很简单的阴阳哲学关系。

如果你在索取情感，就是要求对方付出情感。这时候他付出一分，你对他的依赖就加大一分，同时他就被消耗一分。这时候，他想远离你的动力也多一分。

如果你在付出情感，就会满足对方的内心需求。这时候你付出一分，对方对你的依赖就会多一分，同时你也会被透支一分。这时候，他想靠近你的动力就大一分。

所以，如果你想搞好关系，你就把对方当小孩。如果你想破坏关系，你就把自己当小孩。

如果你情商高，想主动搞好跟领导关系，你就可以把握他的心理需求，给他一点满足，充当下他的父母。

试想一下，当你被领导不满意的时候，这么表达会有什么感觉：谢谢领导指出我的问题，真的让我受益匪浅。领导你对工作比我要认真严谨，向你学习。

这时候的领导，就会在你面前体验到巨大的满足感。就会在个人情感方面倾向于靠近你，从而愿意在现实层面上给你更多的资源。人都是会在让自己舒服的人面前，想做更多的。

也就是说，如果你在情感上把别人当小孩，别人就会在现实上多给予你其他满足。

给别人当妈，会有委屈，但并不单纯是委屈自己。而是你为了其他满足，愿意付出相应的代价。委屈也好，牺牲也罢。如果你有更想要的东西，你当然要付出。

你的其他满足包括：你想搞好关系，收获关系红利。无论是亲密关系、工作关系还是其他关系。

4. 一直给对方当妈，对方会习惯吗？

很多同学反问我：如果你一直给对方当妈，对方习惯了当小孩怎么办？

这个问题很好。对方的习惯，其实就是依赖。他越是习惯你的付出，他的依赖感就会越强一分，你的不可替代性也就越强一分。这时候，你就有了索取的资本，有了角色置换的资本。而这，就是你的所得。

你每给他当一次妈，每一次的付出，都在暗中标好了价格。像是你存进去的钱一样，你每次劳动，都有一笔薪酬，你的存款就多个数。等待着你有天取出来换成你想要的东西，然后存款就少个数。

如果你从来不取款，一直在存钱，你就会觉得累、想放弃。

我们建立关系，就是在对方那里开了一个账户。每当你付出，把对方当小孩，就是在对方的账户里存钱。你存得越多，对方就对你越依赖。每当你索取，就是在对方的账户上取钱，对方就想离开你一分。

有的同学反问：我一直在给他当妈，在付出啊，为何他会离开我？

请注意：如果你往对方账户里存假币，不仅不会增加存款数，还会被厌恶。假币就是，你以付出之名的索取、无效的付出，也就是说，这种付出不是对方真正的心理需求，只是你以为的需要。

有些妈妈特别喜欢说"我做这些都是为了你"，有些老婆特别喜欢说"我为这个家操碎了心"，有的老公特别喜欢说"我辛苦赚钱养家"。这些都是自己感觉委屈得不行，辛辛苦苦付出了那么多，却没得到想要的。

实际上，这些都没有给到对方真正的满足，他们所谓的付出是一种无理的情感绑架——反正我付出了，你就要回报我。至于我付出的是不是你想要的，我不管。

5. 正确的付出姿势

那怎样才是正确的存钱方式，把对方当小孩呢？

两步：

① 识别他的心理需求。
② 满足他的心理需求。

就像前面讲的那个同学，你要识别出，领导在现实层面上对你表达不满意，潜意识层面上，其实是在表达内心对于重视、认可的需求。

识别需求才是重点。没有识别对方需求的付出，都是在浪费感情。

情感挽回也是这么实现的。你过度的索取，导致了关系的破碎，当你再开始照顾到对方的内心需求，关系就又开始被挽回了。

追一个人也是如此。识别到他的心理需求，打开他的脆弱，照顾好他的这部分需求，很容易就能追到。

比如那些从小被批评长大的，给他赞美啊，发现他不曾发现的闪光点啊；从小被忽视长大的，给他重视啊；当他给你发消息，立刻马上即刻回应啊。

6. 稳定的关系，就是互为小孩

什么是稳定的关系呢？

索取与付出的平衡，也就是你把他和把自己当小孩的过程，实现平衡。

每次你把他当小孩，你就在付出，你就维护了一次关系，累积了一次索取的资本。但是如果你一直把他当小孩，你也就透支了自己，最终想放弃关系。

每次你把自己当小孩，你就在索取，你就伤害了一次关系，累积了一次被抛弃的风险。所以如果你一直把自己当小孩，对方就会厌倦，终将抛弃你。

这两个极端，都不是维护长期关系的策略。

长期关系，用的就是平衡。此刻，你相信关系是稳定的，你评估了你的存款是够的，你就把自己当一次小孩，享受下被照顾。

有人就问：他一直想当小孩，不想让我当怎么办？

你有资本啊，依赖你啊。你有离婚、分手、吵架、辞职，一大堆可以兑换的方式。就像银行一样，银行不太愿意主动给你兑钱，但如果你没拿到钱，很大的可能是你没有自己主动去兑换。你是个只存钱，不去取钱的人。

如果此刻你觉得关系没那么稳定，需要进一步的巩固，你想建立或修复跟他的关系，那你就要通过理性来完成对他的心理需求识别并满足，把他当小孩了。

如果你失去了现实检验能力。总觉得自己存了很多钱,然后硬是要无度支取,还怪银行不支取给你。那你就惨了——被银行嫌弃和抛弃。

成功的人生是这样的:

既有把自己当小孩的能力,知道如何并敢于向别人索取。又有把别人当小孩的能力,知道如何并能够给别人宠爱。还有情境的现实能力,知道何时以及该如何切换角色。